小鸟一二三事

〔日〕川上和人　主编

〔日〕松田佑香　绘

赵百灵　译

河北科学技术出版社

·石家庄·

前言

　　我们在阅读鸟类图鉴时，常常会觉得自己对鸟类的信息已经了若指掌，而且书上的信息一定不会有错。其实，这是一种错觉。对于飞翔于天际的鸟类，人们不可能窥其全貌。就连我们最熟悉的麻雀和燕子，现在也仍未研究透彻。

　　欣赏鸟类的方法除了观赏和饲养之外，还包括思考。研究就是思考的一个侧面。其有趣之处在于，通过假设、实验、观察等多种方式思考鸟类的未知之事。本书一半篇幅介绍了通过研究得出的见解。剩余一半篇幅则是松田有加先生为我们描绘的鸟类不为人知却栩栩如生的生活状态。这也是通过"思考"欣赏鸟的另一种方式。

　　我希望大家可以同时应用多种不同的方法来欣赏鸟类。想必大家在下次遇到鸟时，一定会以前所未有的视角来看待。或者思考鸟类做出某种行为的原因，或者为它们之间的交流配上台词。如果能够让大家因此而有所收获，我不胜荣幸。

鸟类学家 川上和人

大家好，我是松田。最近，承蒙厚赞，大家纷纷称颂本书"不愧是与川上和人老师合著的作品啊"。受到如此肯定，我欣喜万分又有些愧不敢当。

对我而言，川上和人老师是堪称伟大的存在。一直以来，他给予了我很多的指导，我还在拜读了他的《鸟类学家：妄谈恐龙》后，写就了拙作《始祖鸟君》。

川上和人老师终日沉浸于鸟类研究，当我在拜读了他倾注全部热情的研究成果后，心中就产生了莫名的冲动，决心"我一定要把如此有趣的知识传播到全世界去"。因此，本书旨在以通俗易懂、有趣幽默的方式，将不为人知的鸟类世界介绍给大家。

如果这部作品可以成为连接广大读者与可爱生物之间的桥梁，我将无比欣喜。

恭祝大家阅读愉快！

小鸟图鉴

暗绿绣眼鸟

暗绿绣眼鸟最大的特征是毛色鲜绿，眼周有一圈白毛。这种鸟非常爱吃花蜜。仔细观察可以发现它的眼神犀利，鸟喙尖锐，野性十足。

麻雀

提到常见的鸟类，大多数人想到的都是麻雀，它们是城市中野鸟的代表。麻雀最主要的特征是脸颊上的黑斑。它经常在地上蹦来蹦去。

远东山雀

远东山雀的头部为黑色，脸颊为白色，行动敏捷，常在枝头跳跃。它的身上带有领带形状的斑纹，雄性的较宽，雌性的较窄。在人们的固有印象中，山雀的羽毛颜色较为黯淡，其实它的背上长有美丽的橄榄色羽毛。

燕子

燕子是候鸟。它可以轻快敏捷地飞行，并在空中捕食飞行中的昆虫。燕子常在人群周围筑巢，是春夏季节的风物诗。

灰椋（liáng）鸟

灰椋鸟的身体颜色偏黑，鸟喙呈黄色。喜欢在草地或田地中慢慢地行走，寻找食物。喜欢发出类似"啾噜啾噜"的叫声，并结成大群飞向巢穴。

栗耳短脚鹎（bēi）

栗耳短脚鹎头部羽毛凌乱，脸颊呈红色。体型较大，叫声也很洪亮。虽然它本身没有恶意，不过叫声十分嘈杂，可能会给其他小型鸟类带来困扰。

小嘴乌鸦

小嘴乌鸦喜欢生活在乡村，常见于农耕地、河滩等处。鸟喙比大嘴乌鸦细，体型也相对小一些。在陆地上移动时大多是行走，而非跳跃。

大嘴乌鸦

大嘴乌鸦为大型鸟类，以前生活在山林中，现在已经逐步转移到城市。浑身乌黑的大嘴乌鸦常给人以有勇无谋的印象，不过真实的状况是，它们的学习能力超群，记忆力也十分优秀。大嘴乌鸦的额头突出，鸟喙较大。

斑嘴鸭

斑嘴鸭是鸭科动物。鸟喙末端带有标志性的橙色斑点。斑嘴鸭栖息在水边，在河流或池塘都能见到它们的身影。

游隼（sǔn）

游隼的飞行速度惊人，被称为猛禽中的"战斗机"，是令小型鸟类恐惧的捕食者。喜欢在峭壁悬崖的岩石凹陷处简单地筑巢并产卵。

山斑鸠

山斑鸠大多单独或与伴侣一起生活。叫声类似于"得——得——剖——剖——"，是一种十分稳重的鸠鸽科动物。颈部长有美丽的蓝灰色鳞状斑纹。飞起来的时候会发出"噗——"的叫声。它们十分不拘小节的行为给人以大气之感。

小白鹭

小白鹭是一种十分优雅的鹭科动物，头部长有延伸出去的冠羽，胸部和背部还长有装饰性的羽毛。它们在水面栖息的样子也很优雅。

野鸽

种名为原鸽（学名：*Columba livia*）。人们将原产自中东、美洲、欧洲等地的原鸽驯化成家禽，又再次使其野化。聚集在车站前或公园等处的鸟中大半是野鸽。野鸽全年都可以繁殖。

大斑啄木鸟

大斑啄木鸟的羽色十分素淡，包含黑、白、红三色。只有雄鸟的后脑部位为红色。

伯劳

弯曲的钩形鸟喙是伯劳属于肉食性鸟类的证明。作为一种小型猛禽，它有时会攻击其他小型鸟类。

翠鸟

翠鸟飞行速度快，可以在空中悬停，俯冲潜入水中捕食小鱼，是水边屈指可数的人气小鸟。

杜鹃

杜鹃的叫声嘹亮，但对于托卵对象而言宛如恶魔的歌声。

小䴙（pì）䴘（tī）

外形类似小型鸭科动物，但属于䴙䴘科动物，善于潜水。另外，它的臀部十分可爱。

苍鹰

苍鹰的体型与乌鸦相当，繁殖期会发出嘹亮的"ki-ki-ki-ki"的叫声，喜欢以小鸟为食。

鸬（lú）鹚（cí）

鸬鹚是大型的食鱼游禽，栖息于沿海海滨和内陆水域，善于潜水，能在水中捕鱼。代表物种为普通鸬鹚，通体黑色，头颈部有半环状白色羽毛。

日本树莺

日本树莺的外形暗淡，鸣唱却十分悦耳。在日本，听到树莺的鸣叫是春季到来的象征。

目录

第1章
常见的鸟类及其行为

第2章
生存就是获取食物

第3章
鸟类的爱情故事

第4章
抚育幼鸟

第5章
鸟类具有不凡的身体素质

第6章
鸟类相关的其他内容

原版书工作人员（均为日籍）
执笔：川上和人（P15, 17, 19, 21, 29, 31, 35, 51, 55, 57, 63, 65, 77, 83, 89, 95, 107, 109, 111, 121, 125, 141, 143, 145, 147, 155, 165, 169, 171, 175, 177, 183, 185, 187, 189）
三上可都良（P23, 25, 27, 41, 49, 59, 61, 71, 73, 75, 79, 81, 85, 91, 93, 113, 117, 123, 127, 131, 133, 159, 163, 173, 179, 181）
川岛隆义（P33, 37, 39, 43, 45, 47, 67, 69, 97, 99, 101, 103, 115, 119, 129, 135, 137, 149, 151, 153, 157, 161）

第1章

常见的鸟类及其行为

走来 走去

走来 走去

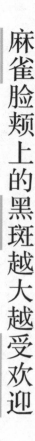

麻雀脸颊上的黑斑越大越受欢迎

　　麻雀、鸽子与乌鸦同为常见的鸟类。麻雀的分布很广，因此，应该没有人没见过麻雀吧。麻雀的脸颊上一般长有标志性的黑斑，因而人们在看到麻雀后马上就能分辨出来。

　　还有一种名为"入内雀"（学名：*Passer rutilans*）的麻雀，这种麻雀的脸颊上没有斑点。在欧洲的城市中还能见到一种名为"家麻雀"（学名：*Passer domesticus*）的麻雀，它的脸颊上也没有斑点。这种黑斑可能会被亲缘关系较近的小鸟当成区分同伴的标志。

　　实际上，黑斑的大小还存在着微小的个体差异。除此之外，人们还发现雄鸟的身体吸收氧气的能力越强斑点就越大，也就是说，体力越好、身体越健康的雄鸟黑斑就越大。

　　鸟类一般是雌鸟选择雄鸟并结为伴侣。雌鸟在选择伴侣时，可能会优先选择斑点较大的雄鸟。尽管如此，黑斑的大小差异并不明显，人类凭肉眼难以分辨。不仅如此，人类也很难从它们的外形上分辨雌雄。麻雀之间是如何分辨彼此的性别呢？这是一个好问题。

只言片语
欧洲也有与亚洲相同品种的麻雀，不过它们生活在乡村中，城市中生活的是与人类更加亲近的家麻雀。

鸽子其实并没有摇头

在车站附近或公园等地，我们经常看到鸽子摇头晃脑地走来走去。它们在走路时不停地前后摆动头部，是有原因的。请你尝试一下，一边走路一边前后摇头。试过了吗？你一定无法理解鸽子为什么这么做吧。

人类的眼睛朝向前方，而鸟类的眼睛朝向两侧。如果眼睛朝向前方，走路时风景只会慢慢地靠近。如果眼睛朝向两侧，风景会随着步伐从前向后流动。这样，在移动的视野中寻找食物可能会很辛苦。为了应对这种状况，鸽子才会摆动头部。

如果首先把头部伸向前方，将头部固定在其伸出去的地方再让身体靠过来，视野中的风景就不会移动。接下来再伸出头部，迈出一步。这样一来，只有伸出头部的一瞬间，视野才会移动。也就是说，虽然相对身体而言鸽子的头部看似在摆动，不过相对空间而言它的头部是固定的。

如果你想要体验鸟类的视线，可以从行进中的汽车或电车的窗口向外看。如果直接观看的话，风景看起来是不断移动的，但如果让头部随着车窗中移动的风景左右移动的话，视野中的风景相对会固定下来。这种状态下看到的风景和鸽子眼中的风景是同一种效果。

只言片语

并非只有鸽子才会摇头晃脑地走路，鹭、鸡、鹡鸰、灰椋鸟也是边摇头边走路的。这是双脚交替走路的鸟类的共同特征。

鸬鹚科鸟类舍弃了防水性和防寒性选择了攻击性

浮在水面上的小鸟可以分为两种，一种是身体完全浮在水面上的类型，另一种是身体的后半部分浸在水中的类型。鸭子是属于前者的"轮船型"，鸬鹚是属于后者的"人鱼型"。

水会毫不留情地通过皮肤加速体温的流失，让我们人类的嘴唇变成紫色。不过鸭子的喙并不会变紫，这是因为它们有完善的防寒措施。鸭子拥有防水性良好的羽毛，皮肤和羽毛之间存储着温暖的空气。它们采取了防御型策略，重视浮游时的舒适性。而鸬鹚相对于防御性来说更重视攻击性。如果羽毛中存储着空气，身体就会浮起来，因此很难潜入水中，不利于鸬鹚捕猎。对于需要潜入水中追赶鱼类的鸬鹚而言，游泳能力比舒适性更为重要。因此，鸬鹚羽毛的防水性较差，更容易潜入水中。

鸟类羽毛表面微小的构造让它们具有了防水性。另外，它们位于背部的突起——"尾脂腺"可以分泌油脂，鸟类会将其涂在羽毛上。一般来说，这种油脂能够提高羽毛的耐久性和防水性，不过鸬鹚的尾脂腺并不发达。由此，也可从中窥见鸬鹚的身体构造更重视攻击性。

鸭子羽毛的防水性良好，出水后干燥速度很快。不过鸬鹚却做不到，水边常常可以看到站在木桩等处，展开翅膀晾晒羽毛的鸬鹚。因为它们的羽毛防水性较差，入水后会全身湿透很难晒干。

只言片语

鸬鹚的羽毛之所以是黑色的，可能是因为黑色有利于吸收太阳的热量，加速晒干吧。

乌鸦捡食垃圾是有益行为

乌鸦经常在街头捡食垃圾，一些绅士淑女们看到它们随意乱丢垃圾的场景不禁会皱起眉头。它们身着"黑衣"做坏事的样子，宛若《星球大战》中的黑暗尊主达斯·维德。乌鸦为什么会这样制造麻烦呢？

乌鸦开始与人类共同生活之后，才逐渐以垃圾为食的。毕竟，在野生环境中并没有垃圾，它们是以小动物、果实，以及动物的尸体为食的。以动物尸体为食的动物被称为"食腐者"。在生态系统中，动物的尸体是重要的资源。动物的肉和内脏会成为其他动物的食物，或者被土地吸收变成植物的营养物质。兽毛和羽毛会成为筑巢的材料。有时兽骨也会被鸟类当作筑巢的材料。

乌鸦发现尸体后，会聚集在一起进食。它们用尖锐的鸟喙将尸体啄出孔洞，再灵活地将其拆分开来，因此也方便了一些更加弱小无力的动物取用。在乌鸦的帮助下，动物尸体得以更快地分解，资源也更加高效地返还生态系统。

乌鸦在天空中飞翔，扩大了搜索范围，可以更快地找到动物尸体。如果没有像乌鸦这样的食腐动物，自然界可能就会遍布尸体，疫病横行，干净、清新的世界将不复存在。这样看来，乌鸦并非乱丢垃圾的恶魔，而是保护美丽自然界的清洁工。

只言片语
强壮有力的哺乳动物或鸟类会将动物的尸体拆分开来，它们进食后剩下的部分再由其他生物分解，逐渐细化并返还生态系统。

变压器是麻雀的摇篮

　　麻雀会利用城市中各种各样的缝隙来筑巢，如屋顶的缝隙、钢筋的缝隙、仓库或车库的缝隙等。麻雀还经常在电线杆附近筑巢，它们会将大量的草运送到构造类似电线杆管道之类的物体或变压器箱内，并熟练地铺在里面。

　　不过，管道或安装在电线杆上的箱子都是金属材料，受到阳光直射，在夏天可能十分炎热。这样的环境看起来并不适合育雏。那么，麻雀为什么会在这些地方筑巢呢？这是因为有一定深度且出口狭窄的环境对麻雀而言是最安全的。

　　例如，麻雀在仅底面有孔洞的箱子内筑巢，它们可以振翅悬停在洞口附近，慢慢地调整角度灵活地钻到里面。而以卵和雏鸟为食的大嘴乌鸦、小嘴乌鸦、苍鹰等猛禽类动物是无法悬停的。而且，这些猛禽如果不停在树枝等处，也无法灵活使用鸟喙，将鸟喙伸入孔洞内。如果巢穴的入口狭窄，大一些的鸟喙也根本就没办法伸进去。

　　鸟类长有羽毛，虽然看似体型很大，实际上却小得多。因此，有时人们会看到麻雀会在一些狭小到惊人的孔洞内出入的身影。

┌─ 只言片语 ─
在建筑物鳞次栉比的城市内其实有大量的缝隙。如果你在春天看到麻雀衔着草准备钻入一道缝隙内，那里可能会有它们的巢穴哦！

麻雀会通过洗沙浴清洁身体

在日本，总穿一套衣服的人也被称为"一直穿一套衣服的麻雀"用于比喻一年四季都不变的外形。虽然麻雀的确只有"一套衣服"，不过它们一年会换一次羽毛，平时也经常梳理羽毛。因此，哪怕只穿"一套衣服"，保持干净卫生的话，也无伤大雅。

另外，麻雀非常喜欢洗澡，它们会在池塘、河流和小水坑等处洗"水浴"，也会用沙子洗"沙浴"。有时我们会在花盆、花坛或行道树的根部覆盖的沙子或土中，发现若干个浅坑。那些都是麻雀洗"沙浴"的痕迹。它们全身陷入沙坑中，愉悦地拍打着翅膀的样子，仿佛是享受沙浴的爱好者。一般认为，无论洗水浴还是沙浴，都可以起到清洁皮肤和羽毛污垢，去除羽虱等寄生虫的目的。如果在阳台的花盆中放上一些干土，麻雀可能会过来洗澡呢。

不过，在我们去洗海水浴时，走上沙滩后脚上就会沾满沙子。明明洗了澡，脚上却马上沾上沙子很令人厌烦。在"水浴"和"沙浴"的地点相邻时，麻雀好像大多会先洗"水浴"再洗"沙浴"。这不禁引人思考，它们究竟是喜欢湿漉漉、满身沙粒的状态呢，还是在它们看来，沙子并不在污垢的范畴内？

只言片语

有些鸟类在繁殖期会长出引人注目的"繁殖羽"，如鹬科或鸭科等，它们每年会在繁殖期的开始和结束换毛两次！

身体越小越不容易储存热量，因此小型鸟类在严冬生活得十分艰难。哺乳动物在冬天到来前可以储存大量的皮下脂肪，但脂肪对鸟类而言是阻碍飞行的负担，所以这种方式并不适用于鸟类。羽毛才是鸟类行之有效的防寒工具。

在气温降低后，鸟类会在羽毛和身体之间储存大量的空气，并将脚收在蓬松的羽毛内。这样一来，空气起到了保温作用，让它们得以温暖身体。你小时候玩过将双脚放入衣服内假装外星人的游戏吗？缩小表面积，将露在外面的脚包入衣服时，感觉会更加温暖。小鸟们会根据气温的变化，有时将脚趾包裹在羽毛内，有时露出来。随着气温的变化，羽毛蓬松的方式也有所不同，有时躯干部分会蓬松成圆滚滚的状态。

栗耳短脚鹎与远东山雀和麻雀相比可能更怕冷，因为它们在气温较低时就会将脚趾埋在羽毛内。另外，暗绿绣眼鸟、银喉长尾山雀有时会 2~10 只组成一个小团体，紧紧地挤在一根树枝上取暖。

只言片语

脚趾指的是脚上的趾头。鸟类踮脚站立，腿中部呈"〈"形的部分就是脚踝。从脚踝到脚趾根部即为跗（fū）跖（zhí）。

越玩耍越聪明的乌鸦

　　人们普遍认为鸦科动物非常聪明。除了善于使用工具，乌鸦玩耍的状态同样受到了人们的关注。有一天，我走在路上看到了一只倒吊在电线上的小嘴乌鸦。我想象着它可能能够像电影《黑客帝国》中的场面那样躲开枪弹就地翻滚，但其实它只是在那儿玩耍呢。除此之外，人们还看到过从滑梯上滑下来以及顺着风翻滚等各种玩耍状态的乌鸦。

　　在现实生活中，"玩耍"可能会被认为是一种没有意义的行为。玩耍会造成觅食时间的减少。这种无意义的行动也使动物更容易被捕食者发现。而且思考新的事物时需要消耗大脑的能量，因此玩耍看起来是有百害而无一利的。另一方面，因为玩耍是尝试未知行动的行为，可以说是好奇心的一种表现。如果环境发生了巨大的变化，鸟类失去了以往的食物来源和居住场所，会发生什么事情呢？固守陈规的鸟类可能会就此灭绝。而那些具有好奇心的鸟类可能会尝试寻找新的食物，展开新的行动，开拓生存之路。实际上，城市对于乌鸦而言就是新的环境，乌鸦能够在其中寻找新的食物并顺利繁衍下去，就是它们革新能力的体现。

　　无论人类还是乌鸦都非常喜欢玩耍。这种行为看似浪费时间，却也展现了能够在即将到来的不断变化的时代中生存下去的勇者姿态。所以，在我玩耍的时候请不要指责我哦。

只言片语

　　鸦科动物中，有一些很擅长使用工具。其中，新喀鸦擅长使用木棍，它们能够将木棍伸入洞穴中将虫子钩出来捉住。

灰喜鹊已经来到城市生活

灰喜鹊的外形酷似喜鹊，但稍小。体长 33~40cm。灰喜鹊的额至后颈为黑色，背呈灰色，两翅和尾是灰蓝色，尾长、末端有白斑，下体灰白色。看到它们就像《机械战警》里的极具未来感的容姿，不禁让人兴奋。

灰喜鹊是一种益鸟，杂食，以动物性食物为主，主要吃蝽象、步行甲、螟蛾、蚂蚁、胡蜂等昆虫及其幼虫，兼食一些植物的果实及种子。

灰喜鹊是一种非常聪明的鸟类 。它们在进人的住房内盗食时，通常是两三只在外警戒，其他的登堂入室，如果没有 " 危险 "，则会轮流 " 享受大餐 "。灰喜鹊和喜鹊，从古至今都被人们视为吉祥之鸟。但它和喜鹊一样，都是非常凶猛、极具攻击性的鸟类，经常盗吃其他鸟的幼鸟及卵。

灰喜鹊主要栖息于平原和低山丘陵地区的次生林和人工林内，也见于田边、地头、路边和村庄附近的小树林内，甚至出现在城市公园中和居民区里。灰喜鹊的分别状况在逐渐发生变化，它能在城市中生存，说明城市中有了可供生存的环境。

另外一种鸟类牛背鹭，头部呈亚麻色，身体为白色，以前只分布在非洲到亚洲的热带及亚热带地区，在 20 世纪分布范围扩散到了全世界。自然环境常常会随着人类生活和气候的变化而变化。同样也会对鸟类的分布范围造成影响。

只言片语

大约 400 年前从朝鲜半岛迁徙到日本的喜鹊的分布范围也在发生改变，曾经它们栖息在平原、丘陵地区，近年来也常见于城市、城镇中。

你看到过远东山雀或麻雀之类的小型鸟类歪着头的样子吗？这个动作着实可爱，令人不禁心生喜爱。人类的确容易被"可爱"的外表欺骗，不过它们做出这个动作绝对没有迷惑人类的意思，或者说，那时人类根本不在它们的眼里。

我们在防范周围有无危险时，会转动颈部和眼球，环视四周。不过，鸟类与哺乳动物不同，它们的眼球无法转动。鸟类的眼睛大多长在头部两侧，能够看到左右两侧很大范围内的景物。那么，来自天空的捕食者就会对鸟类构成威胁，它们是如何应对的呢？是的，应对方法就是小鸟歪头将长在头部两侧的眼睛朝向上方。小鸟的一只眼睛朝向天空时，另一只眼睛就会朝向地面。虽然人们尚不清楚它们眼中的世界是什么样的，不过这个姿势很适合用于防范来自天空的袭击。想必大家已经想到了，这个动作并非可爱的小型鸟类的专属，乌鸦、绿翅鸭、白腰草鹬也会这样做。

另外，提到歪头的可爱鸟类大家还会想到猫头鹰，不过这是猫头鹰行之有效的辅助攻击手段，它们会将耳孔朝向各个方位以准确地判断声源，并锁定猎物的位置。

只言片语 ——
肉食性鸟类以捕捉其他动物为食，它们的眼睛大多朝向前方，便于其利用立体视觉来锁定目标，捕捉猎物。

啄木鸟啄击树木不惜造成大脑损伤

在森林中仔细聆听的话，就会听到"踏啦啦啦啦……"类似木琴的声音，这是啄木鸟啄击树干的声音。小星头啄木鸟、绿啄木鸟、大斑啄木鸟等在欧亚大陆均有分布，它们不是通过叫声而是通过啄击树干的声音与其他个体进行交流。

另外，啄木鸟会通过啄击树干挖洞的方式捕捉隐藏在树木深处的虫子。啄木鸟的舌头很长，可以从口中伸出，从颈部到后脑绕至头部上方。舌头末端带刺并附有带黏性的唾液，如《异形》里的外星生物一样可以伸长舌头抓住虫子。

啄木鸟会以高达每秒二十次的速度啄击树干，挖出孔洞，据说其冲击强度堪比交通事故级别。

那么，如此强度的冲击为什么没有引起啄木鸟脑震荡呢？一般认为原因在于，鸟喙与树干的接触时间很短，只有 1/1000 秒，产生的冲击较弱；大脑紧贴头盖骨，不容易晃动；头盖骨的一部分呈海绵状，因此分散了部分冲击；颚部和颈部健硕的肌肉吸收并减缓了冲击等。

不过最近有研究表明，啄木鸟的大脑还是因冲击造成了损伤。啄木鸟体内含有比其他鸟类更多的"TAU 蛋白"，这种物质疑似阿尔兹海默症发病的诱因。不过啄木鸟并不会放弃它们的啄击行为，就像电影《洛奇》中的主角一样，生命不息，战斗不止。

只言片语

啄木鸟大多都可以停在竖直的树干上，这是因为它们的爪子十分尖锐并且是弯曲的，可以牢牢抓住树干，另外坚硬的尾羽还能起到稳固的支撑作用。

栗耳短脚鹎的节能型飞行方式

不同鸟类的飞行方式不同，麻雀会啪嗒啪嗒不停地拍打翅膀，而翠鸟会高速拍打翅膀呈直线飞行，燕子则在空中轻盈而快速地呈弧线飞行。鹭科动物会优雅地拍打翅膀，雕和鹰则不常拍打翅膀，而是在高空乘风盘旋。我们看到远方的鸟类时，除了通过形态、大小、发现的地点等信息来判断其种类，也可以通过飞行方式来判断。

栗耳短脚鹎因为叫声很大而不太受人们欢迎，其实它的飞行方式很特别。它们采用的是"波状飞行"的方式，拍打几下翅膀使身体上升，再收起翅膀像弹道轨迹般飞行。短时拍打翅膀使身体上升再像弹道轨迹般飞行，重复上述动作即为波状飞行。啄木鸟科和鹡鸰科动物也采用这种方式飞行。它们按照一定节奏重复上升下降的飞行动作，看起来优美而有节奏。波状飞行通过采用空气阻力较小的"警惕型"姿势，最大限度地利用了短时拍打翅膀所获得的推动力。一般认为身形较小的鸟类在快速飞行时，波状飞行消耗的能量相对较低，振翅飞行的方式更具灵活性。总之，鸟类有适合自己的飞行方式。

鸟类在进行波状飞行时，为了获取推动力需要大力地拍打翅膀。这样看来，鸟类起飞时大多会发出一声鸣叫，可能是因为用力过猛，不由自主地发出了声音吧。

只言片语

利用好上升气流和风，大型鸟类也可以很节能地飞行哦。

远东山雀通过叫声进行交流

春天到来后，雄性远东山雀为了求爱，或向其他雄鸟宣告领地范围，会站在枝头等处发出类似"呲呲嘁——呲呲嘁——"的余音袅袅的鸣唱。它们还会发出类似"呲嘁——呲嘁——""嘁——呲呲嘁——呲呲"等的声音，雄鸟的叫声变化越丰富越受雌鸟欢迎。因为在雌鸟看来，头脑灵活、聪慧是生存能力强的象征。

除繁殖期的鸣唱外，鸟类平时的叫声被称为鸣叫。远东山雀的叫声种类较多，同伴之间可以借此交流。例如，在照顾雏鸟时，防范天敌十分重要。如果大嘴乌鸦出现在鸟巢附近，亲鸟会发出类似"嘁咯嘁咯"的尖锐叫声，当锦蛇出现时会发出类似"叽喳叽喳"的叫声。雏鸟在听到"嘁咯嘁咯"的叫声后会伏低身体藏起来等待乌鸦飞过，而听到"叽喳叽喳"的叫声时会立刻飞出巢穴。蛇类来袭时，无论如何还是尽快飞走生存下来的概率更高。

繁殖期结束后，远东山雀的族群会从几只发展到十几只。这时它们更需要通过声音来交流。在脱离群体或发现食物时，它们会发出类似"叽叽叽叽"的叫声，呼唤同伴"集合"。"嘁——呲嘁"的叫声意为"提高警惕"，而连续发出"嘁——呲嘁，叽叽叽叽"则意为"注意啦，集合"。

只言片语

栖息在澳大利亚的栗冠弯嘴鹛等鸟类也在使用由声音组合而成的词语。原来，在不为人知之处，鸟类出乎意料地进行着复杂而丰富的交流呢。

麻雀的寿命不到一年吗

20 世纪 90 年代，日本著名的百岁双胞胎姐妹——金婆婆与银婆婆，出演的广告引起了人们的关注。如今银婆婆的女儿也年满百岁了，她和妈妈一样也出演了广告。

与以前相比，现在人们的寿命大大地延长了。那么，鸟类的寿命有多长呢？我们先来看一看它们的最长寿命吧。在鸟类世界中，体型越大寿命越长。打破野生鸟类最长寿记录的是一种名为黑背信天翁的海鸟，其寿命达到了 67 岁。而养殖鸟类中体型较大的鹦鹉（例如凤头鹦鹉）、猛禽类和鸵鸟等都十分长寿，最长寿命超过 80 岁。白鹤在养殖条件下寿命最高可达 83 岁，真是无愧于"千年鹤"之说啊。而麻雀和山雀等小型鸟类的寿命较短，均在 10~15 岁之间。

接下来，我们看一看它们的平均寿命。中到大型鸟类的平均寿命大多在二十年以内。而与麻雀体型类似的野生鸟类平均寿命在两年左右。不过，其中大部分在出生后一年以内就会因被天敌吃掉、罹患寄生虫等疾病，或事故、迁徙旅程的残酷、冬日的严寒或饥饿等原因而死去。在麻雀的雏鸟好不容易准备离巢时，乌鸦又常常虎视眈眈地等在巢穴旁边。野生世界中，在担心能活到多少岁之前，其实首先需要忧心的是能否存活到成年。

只言片语

1956 年，鸟类学家在一只名叫智慧（Wisdom）的黑背信天翁身上系上识别带，来做科学观察。60 多年来，它不断刷新着野生鸟类的长寿记录。它还是一位母亲，仍在产卵并亲自孵蛋。

白鹡鸰（jī líng）黑背眼纹亚种能不飞时就不飞

白鹡鸰黑背眼纹亚种近年来在城市中的数量不断增加。其特征是偏白色的身体上长有微微颤动的尾羽。不过，可能用"那种在停车场附近匆忙地跑来跑去的身体细长的鸟"这样的描述更容易让人分辨。白鹡鸰黑背眼纹亚种的体型十分流畅，虽然它拥有与之匹配的飞行能力，却常常在地面上走来走去。

实际上，对鸟类而言飞行也是一种十分耗能的移动方式，一直飞行会使它们很疲惫。因此，不只是白鹡鸰黑背眼纹亚种，很多鸟类停在地面或树上的时间比飞行的时间要长得多。人类偶尔看到白鹡鸰黑背眼纹亚种走在脚下的样子，再加上它们走走停停，再走走再停停的动作十分引人注目，因此给人们留下了"作为一只鸟却不太会飞，一直走来走去"之类的深刻印象。

白鹡鸰黑背眼纹亚种一般采用交替伸腿的步行方式，而非类似麻雀一蹦一蹦的跳行方式进行移动。白鹡鸰黑背眼纹亚种的腿和脚趾都很长，因此可以迈开大步稳定快速地行走。快速行走便于它们发现和捕捉昆虫等小动物。它们偶尔也以人类掉落的面包等为食。最开始看到食物并准备走过去的白鹡鸰黑背眼纹亚种，在发现有麻雀正在飞过去后，有时也会马上飞起来。可能它们自己也心知肚明——飞行比走路更快。

只言片语

以前，日本的白鹡鸰黑背眼纹亚种夏季仅在日本北部的北海道或本州北部繁殖，在其他地区越冬。现在，它们的分布范围扩大到日本的西部地区，并在此繁殖，逐渐变成了常见鸟类。

乌鸦故意挑衅追逐老鹰

乌鸦偶尔会成群结队地一边鸣叫一边纠缠苍鹰和鸢等猛禽。乌鸦们并非真心想要杀死对方，它们只是在找茬驱赶对方，这种行为被称为"拟攻"。

动物大多会尽量避免无意义的争斗。乌鸦的体型较大，而且攻击时会蜂拥而上，因此作为它们的追击对象会觉得"与它们为敌太累啦，还是逃去一边吧"。苍鹰偶尔会因为心情不佳而发起反击将乌鸦冲散，不过也不会穷追猛打而是最终选择飞走。苍鹰的真实实力一定比乌鸦更强，不过它们选择适可而止的威慑，也是想要避免因不必要的争斗而消耗体能的一种智慧吧。

乌鸦之间不会进行拟攻，不过会玩追逐游戏。乌鸦是一种喜欢玩耍的鸟类，因此看似只是单纯在玩捉迷藏的游戏，也可能是为捕猎练习做准备。

乌鸦之外的鸟类也有拟攻行为。有时周围的鸟类会同时对雕、鹰、睡在树枝上的猫头鹰进行拟攻。在远东山雀对接近巢穴的敌人进行拟攻时，就连几年前在附近有领地的、只是面熟的同类大多都会过来助攻。在鸟类世界，平时关系平平的邻居们在紧急时刻也会倾力相助，因此，互相帮助并非是人类社会独有的行为啊。

只言片语

在靠近远东山雀的巢穴时，人类有时也会遭遇拟攻。

乌鸦洗蚂蚁浴清洁身体

鸟类是爱干净的动物，它们经常洗水浴或沙浴。无论是体型较小的麻雀，还是体型较大的鸢都会洗澡，例如鸭子会一边浮在水面上一边洗澡。雨燕一生几乎都在飞行，它们会在高速飞行的同时，滑过水面进行水浴。水浴或沙浴指的是让水或沙子穿过羽毛的间隙，以清除污垢或蜱、羽虱等寄生虫。

微微泛蓝且有光泽的黑发在日本被称为"乌鸦的湿羽毛色"——就像乌鸦被淋湿的羽毛一样湿润而有光泽的颜色。不过，随着光线的变化，乌鸦的羽毛其实会呈现出蓝色、绿色、紫色等美丽的颜色。

乌鸦自然也很爱干净，它们会精心地护养羽毛，不仅会进行水浴和沙浴，还因偶尔利用蚂蚁进行"蚂蚁浴"而闻名。乌鸦会用力坐在蚁穴上，让蚂蚁爬满全身，有时它们还会叼着蚂蚁梳理羽毛，摩擦全身。蚂蚁在攻击时会分泌蚁酸等化学物质，一般认为蚂蚁浴是利用这些化学物质清除寄生虫的行为。乌鸦偶尔还会突然抖动一下，可能是因为它们被愤怒的蚂蚁重重地咬了一口。虽然我觉得它们并不会被咬到神志不清地颤抖，不过真实情况恐怕只有乌鸦自己知道了。

顺便说一下，乌鸦有时还会利用烟雾洗澡。人们常常看到雨后乌鸦停在烟囱上，将翅膀罩在滚滚而出的烟雾上。一般认为它们是在利用烟雾熏呛并清除寄生虫，不过这一仍属于意味不明的行为。

只言片语 ——

还有人认为烟浴是乌鸦在烘干淋湿的羽毛。它们身在烟雾中难道不会感到无法呼吸吗？

麻雀总是叽叽喳喳地交流

伴随着啾啾啾的麻雀叫声醒来，这是多么美好的一天啊。鸟类通常醒得都很早，麻雀在日出前夕开始鸣叫，而乌鸦从更早的时候就开始鸣叫，山林中的赤胸鸫（dōng）、黄眉姬鹟、红胁蓝尾鸲（qú）等鸟类在从天色还暗的时候也会开始鸣叫。与之相比，麻雀都算是轻度赖床鬼啦。

鸟类除了喜欢在清晨鸣叫，也喜欢在黄昏鸣叫。在繁殖后，鸟类会聚集在河滩的苇塘或行道树上筑巢。小鸟在归巢前会叽叽喳喳地鸣叫，十分吵闹，甚至让人怀疑它们可能根本听不清彼此的声音。不过，在某一个时间点它们又会迅速安静下来。就像是老师命令同学们"休息三秒"后的状态。

麻雀的叫声通常是"啾啾"，不过它们也会发出其他叫声。处于繁殖期时，孵蛋的鸟妈妈有时会发出类似雏鸟的"嘻呖嘻呖嘻呖"的声音，催促鸟爸爸"把食物拿过来"。另外，在鸟巢中照顾鸟蛋或雏鸟的亲鸟，有时会向刚刚回巢的另一只亲鸟发出短促而宏亮的叫声，以提醒它提高警惕注意周边环境。

人们对于周围常见的小鸟——麻雀叫声的研究进展并不顺利，至今对其因何而鸣叫尚不十分清楚。有时它们会低声发出类似呢喃或私语的叫声，在起飞时还会不自觉地发出一声鸣叫。

只言片语
麻雀一年四季都在啾啾地鸣叫，它们还可以发出啾唧啾唧绵长而繁复的叫声。有机会的话，仔细聆听一下它们在春季高亢的叫声吧。

莺科鸟类外形近似但叫声不同

日本树莺是日本的灵魂之鸟，因"hou-hou-kai-ke-you"的叫声而被人们熟知。它们广泛分布于日本各地，只要听到它们的叫声，人们就知道春天要来了。与其特征明显的叫声相反，日本树莺的外表是褐色的，一点也不引人注目，如果通过叫声将其联想为色彩绚丽的小鸟，人们可能多少会有些失望吧。

生活在日本的冕柳莺、日本柳莺、日本淡脚柳莺等，与日本树莺一样都属于旧大陆莺科。它们的外形与日本树莺非常相似，都是毫无特征的褐色小鸟。不过，如果不能分辨彼此，可能对它们自己也十分不利。因此，它们需要其他特征来辨别对方是否为其他品种，这就是叫声。冕柳莺的叫声类似于"敲敲哔——"，日本柳莺的叫声是"hei-tu-ke-yi, hei-tu-ke-yi"，日本淡脚柳莺的叫声是"啾哩啾哩，啾哩啾哩"。一般而言，外形相差不大的鸟类，叫声大相径庭的可能性比较大。

实际上，有一种莺科小鸟会发出"唧唧喽，唧唧喽"的叫声，因其外形与日本柳莺十分相似，所以被认为属于同一品种。后来，研究人员分析其 DNA 发现它属于其他品种，将其命名为堪察加柳莺（*Phylloscopus examinandus*）。

仅凭外形很难分辨清楚日本树莺及其近缘种。聆听它们悦耳的叫声，才是欣赏日本树莺的正确方式呀。

只言片语

莺科是鸟纲雀形目中的一个科，属小型鸣禽。莺科小鸟体型纤细瘦小，嘴小，羽色较为单一，鸣叫声尖细而清晰。

全世界的鸟类

鸟类究竟是一种怎样的生物呢？它们有嘴、有羽毛，卵生，靠两只脚行走，祖先是恐龙……最重要的特征是能够在天空中飞翔。

鸟类的身体为了适应飞行进行了各种各样的进化。首先长在翅膀上的名为飞羽的长羽毛担负着飞行中最重要的责任。羽毛在脱落或受伤后能够重新长出来，是一种可以再生的组织。鸟类的翅膀是由很多羽毛构成的，每根羽毛能够改变角度、制造间隙，像扇子一样开合，使面积随之变化，以此来调整空气阻力。

其次，鸟类为了飞行，从根本上让身体变得越来越轻盈。其中羽毛的重量毋庸置疑是最轻的，肱骨和喙部的骨骼侧壁也变得很轻薄，且呈中空状态。另外，鸟类的翅膀和后腿中一部分复杂的骨骼黏合在一起，减少了骨骼的数量。

为了飞行，实用性较高的前腿变成了翅膀，鸟喙取代了前腿变得越来越灵活。鸟喙可以完成捉虫子、弄破坚硬的种子、撕开肉类、编织用于筑巢的杂草等各种各样的工作。正因为这些为了适应飞行而产生的进化，才造就了独一无二的鸟类。

鸟类利用自己的飞行能力出没在地球上的任何地方。比如，可以在陆地上奔跑、时速可达70km的鸵鸟，可以在海水中畅游的企鹅等，它们进化成为不能飞行的族群，但依旧不断地繁衍生息着。无论是城市还是山区，热带还是寒带，北极或者南极，甚至在大海之上，鸟类都根据不同的环境有针对性地改变着自身的形态和生活方式。

第2章

生存就是获取食物

乌鸦有时会化身吸血鬼

　　传说，德古拉伯爵会在漆黑的夜晚舞动着翻飞的黑色斗篷出现，并以人类的鲜血为食。不过，有一种动物同样一身乌黑，却能大摇大摆地在白天吸食鲜血，它就是大嘴乌鸦。一部分杂食性的大嘴乌鸦会出现吸血行为。人们曾在日本北海道地区发现过一群叩啄乳牛乳房血管的乌鸦，它们在乳牛流血后舔食其血液。日本盛冈市的动物园内饲养着梅花鹿，有人曾目击乌鸦叩啄这些梅花鹿的背部使其受伤后吸血的场景。

　　鲜血是完美的营养食品，血液会将营养成分输送到身体各处，宛如驶向银行的运钞车。无论是德古拉伯爵还是豹脚蚊，都是发现这个秘密的有识之士。大嘴乌鸦有时会啄下动物的毛发将其作为建造巢穴的材料，它们可能偶然舔食到了渗出的鲜血，故而开始吸食鲜血。

　　另外，在世界上还有其他五种吸血鸟。包括加拉帕戈斯群岛的尖嘴地雀以及两种小嘲鸫和两种美洲的牛椋鸟。虽然吸血鸟听起来十分恐怖，不过其实作为吸血鸟需要适度的"柔弱"。毕竟强大的鸟类可以化身肉食者，吃下对方的血肉，并不会自找麻烦地吸血。成为吸血鸟的必备条件是适度的柔弱以及心思狡猾到足以找到迟钝的吸食对象，它们即便受伤也不会将吸血鸟赶走。

只言片语

加拉帕戈斯群岛的吸血鸟以海鸟或鬣蜥为吸血对象，而美洲的牛椋鸟顾名思义吸食牛等动物的血液。

暗绿绣眼鸟的舌头是分叉的

花蜜营养价值十分丰富。植物分泌花蜜是将其作为让动物搬运花粉的报酬。暗绿绣眼鸟和栗耳短脚鹎十分喜欢花蜜，它们不顾脸上沾满花粉，孜孜不倦地拜访花朵。希望它们可以向钟爱罐装蜂蜜的维尼熊学习呢。

大家看到过小鸟的舌头吗？鸟类没有牙齿，因此舌头是口中唯一的食物处理工具。鸟类鸟喙形状多种多样，而为了方便处理食物，舌头的形状进化得更加千奇百怪。暗绿绣眼鸟和栗耳短脚鹎的舌头尖端像刷子一样是分叉的。这样可以增加舌头的表面积，高效地舔食花蜜。蜂鸟同样喜欢蜂蜜，它们长有类似吸管的管状舌头，利用毛细作用吸取蜂蜜。

虎斑地鸫以蚯蚓为食，而鹭科鸟类以鱼为食，它们的舌头根部两侧长有形似箭头的反向大尖刺。这些尖刺可以将滑溜的食物送到喉咙深处，防止其掉落。另外，企鹅的舌头之奇怪在鸟类中称得上数一数二，它们的舌头就像是地狱图上的针山一样布满了尖刺。企鹅不只是舌头，就连上颚部分也满是尖刺，对于作为食物的鱼而言，仿若上了刑具。如果你有机会看到动物园的企鹅打哈欠，一定要仔细观察一下。就算是轮回转世，鱼儿们肯定会真心祈祷再也不做南极海里的鱼了吧。

只言片语

传说中世纪的欧洲有一种刑讯工具，外框为人形，内侧布满了尖刺，是一种非常恐怖的刑具。

乌鸦能够瞬间区分核桃的大小

　　秋季，小嘴乌鸦会捡拾核桃想办法将其吃掉。但是核桃的外壳非常坚硬，仅凭鸟喙叩啄是打不开的。因此，小嘴乌鸦将其从高处抛下摔破，或者利用奔驰的车辆将其轧碎。有些小嘴乌鸦可能理解了信号灯的工作原理，会趁着信号灯变红的时候现身，将核桃放在等信号灯车辆的轮胎前方。核桃的油脂含量较高，营养价值丰富，因此被当作寒冷季节的理想食物。

　　小嘴乌鸦十分钟爱核桃，它们的高智商还表现在挑选核桃上。有人曾做过一个实验，将六个重量在 4~10g 的核桃围成一个圆圈，让乌鸦挑选，接下来，乌鸦们大多随意扫了一眼，就走向了那颗最重的 10g 核桃。也就是说，不需要经过逐个确认，它们也可以分辨哪一个是最重的。

　　因为核桃越重个头就越大，所以小嘴乌鸦只要选择其中最大的一枚核桃即可。不过，核桃像大脑一般皱皱巴巴，形状也各不相同，而且，它们之间的重量差异仅为 1g，因此大小差别并不大。尽管如此，小嘴乌鸦依然按照从重到轻的顺序依次选取了核桃并将其带走。这是十分厉害的超能力啊，简直可以堪称有辨别不同之能的小鸟呢。

只言片语

与我们常吃的核桃相比，野生核桃的外壳非常坚硬。

金翅雀特别爱吃葵花籽

　　向日葵沐浴盛夏的阳光绽放花朵，并结出了大量的果实。葵花籽的营养价值很高，无论是仓鼠，还是职业棒球联盟球员，亦或是鸟类都很喜欢。麻雀、栗耳短脚鹎、山斑鸠、山雀类等鸟类尤其喜欢葵花籽。

　　鸟类中，金翅雀对葵花籽最为钟爱。葵花籽开始成熟后，有人曾经看到过金翅雀每日不辍地飞来向日葵田的身影。金翅雀在食用葵花籽时，会从花朵的上方向下按部就班地将其吃得干干净净，如果整朵花朝向下方，它们也能灵活地站在上面，从一侧到另一侧将其吃光。这是麻雀或山斑鸠完全无法模仿的技能。

　　金翅雀叼住葵花籽后，会一边将其在鸟喙中间转动至水平方向，一边灵活地剥掉外皮。金翅雀的鸟喙横竖两个方向的形状皆大而圆润，不过末端十分尖锐。可以说金翅雀的鸟喙形状使其同时具备了打开并取食坚硬种子的强度，以及细致的切割作业能力。其使用感受可能相当于专门用来拆分塑料模型的尖嘴钳子。因为金翅雀拥有这样的鸟喙，被它咬到才会格外地疼吧。

只言片语

金翅雀的叫声是"噼哩噼哩"。它长有稍微分叉的尾羽，翅膀上带有黄色的点状斑纹，看起来十分可爱。

绿鹭使用工具钓鱼

伫立在水边的鹭科水鸟的身姿是最具代表性的风景之一，很多画作将其当作主题。其中最为引人注目的是大白鹭、中白鹭、小白鹭等白鹭。此外，夜鹭、苍鹭等灰蓝色的鹭科水鸟也很常见。

绿鹭也属于灰蓝色鹭科水鸟的一种，夏季在北方繁殖，冬天则到南方越冬。其日语名有细竹之意，因其背部长有几排如细竹般的羽毛而得名。绿鹭一般不结群，它们孤零零地在岩石上凝视小鱼的样子，给人以闲寂幽雅之感。

绿鹭特别擅长饵钓。它们让小鱼和昆虫等浮在水面上，然后捕捉被引诱过来的鱼。绿鹭有时也用小树枝或自己的羽毛模拟鱼饵。人们发现，不只是在日本，美洲和东南亚的绿鹭也有这种聪明的捕食行为。

另外，小白鹭、大白鹭、夜鹭等，会用鸟喙叮啄水面，模拟昆虫从空中掉落到水中产生的波纹，捕捉被引诱过来的鱼。美洲的黑鹭则将翅膀展开呈穹顶形模拟背阴处，然后捕捉靠近的鱼。

鹭科水鸟狩猎秘诀是引诱敌人出击并将其捕获，而非主动出击。如此高级的技巧，还真是有一套。

只言片语

鹭科水鸟一般伫立于水中，颈部呈"S"形，它们想要捕捉远处的猎物时会猛地将脖子伸直。

偷偷吸食花蜜的暗绿绣眼鸟

　　我们的世界遵循的是等价交换的原则。如果想要别人帮你搬运物品，你需要付出等价的回报，在自然界中亦然。例如，果实为鸟类提供果肉，是想要鸟类帮助它们运送种子。花朵提供花蜜则是想要动物们帮它运送花粉。

　　花粉的搬运工不只有蜜蜂，我们身边常见的暗绿绣眼鸟和栗耳短脚鹎也是具有代表性的花粉传播者。冬天的时候，这些小鸟们钻到山茶花内，让嘴部和眼周都沾满黄色花粉，看起来就像是沉迷在吃糖比赛中的小学生。

　　在亚热带岛屿上，经常可以看到暗绿绣眼鸟环绕在花朵旁的景象。它们簇拥在鲜红色的扶桑花上。不过扶桑花内部有一定的深度，即使暗绿绣眼鸟们将头伸进去，嘴部也不一定能够达到花蜜所在的位置。因此，暗绿绣眼鸟免费帮助扶桑花运送了花粉，并没有实现等价交换。扶桑花和暗绿绣眼鸟之间的信任关系，因为前者的背叛而土崩瓦解。"以牙还牙，以眼还眼"是放之四海而皆准的道理，无论是《第一滴血》中的兰博，还是汉谟拉比法典都是这样告诉我们的。因此暗绿绣眼鸟们避开了花朵正面，从侧面接近花萼的地方啄出小孔悄悄地吸食花蜜。花朵和鸟类的蜜月期就这样结束了。

　　如果你将来有机会去海南岛，一定要寻找一下扶桑花侧面的孔洞。那是暗绿绣眼鸟留下的痕迹。

只言片语

汉谟拉比法典是公元前 18 世纪左右颁布的成文法典。是美索布达米亚地区兴起又衰落的古代文明之集大成之作。著名的"以眼还眼，以牙还牙"就是出自该法典。

野鸭在水面上边摇头边进食

　　水面上成群结队的野鸭是日本冬季水边的美景。在日本，夏季只能看到斑嘴鸭，冬季时各个品种的野鸭都自北国飞来像煮饺子似的聚集在水中。可能因为在水面上被猫或黄鼠狼等天敌袭击的概率较低，也可能因为城市公园的人类较多，它们迅速适应了环境。野鸭在水面上悠闲地游曳，人类看到这样的场景，心情也会随之放松起来。

　　那么，如果我们抛下迫在眉睫的工作悠闲地观察水中的野鸭，也许会发现它们有时会伸出脖子贴近水面微微摇晃，有时则像小狗一样转圈追着自己的尾巴。虽然这些行为看起来十分不可思议，但也并非是痉挛发作之类的疾病，它们只是在吃掉浮在水面上的食物。野鸭以漂浮在水面上的藻类等浮游生物或小动物为食，每当水和食物一起入口时，它们就会摇晃鸟喙将水排出。尤其是琵嘴鸭，它的鸟喙边缘呈梳子状，方便其将食物过滤出来。琵嘴鸭又称宽嘴鸭，顾名思义它的鸟喙比其他鸭科动物要宽得多，因此它们很容易被分辨出来。

　　虽然在水面觅食的野鸭为我们展现了一幅田园牧歌式的进食画卷，不过斑背潜鸭、红头潜鸭等擅长潜水的野鸭则更具攻击性，它们会边游泳边捕食贝类或虾。

┌─ 只言片语 ─
鸭科动物每年换羽 2 次，它们刚飞到日本的时候无论雌鸟还是雄鸟，看起来都了无光彩，换羽后雄鸟会长出华丽的羽毛。换羽后野鸭的所有飞羽都会掉落，它们也因此在一段时间内无法飞行。

　　人类的上肢十分灵活，在喝水时，可以用杯子，也可以用吸管，在饮用山间泉水时还会特意用手捧起来品尝其本真的味道。其他大多数哺乳动物的饮水方式更直接，它们将舌头伸在水里灵活地捞起水来饮用。不过鸟类并没有哺乳动物一样柔软而灵活的舌头，而且鸟喙十分坚硬，也没有进化成狭窄的、方便吸取的形状。鸟类大多会用鸟喙捞起水后向上抬高，让水流入喉咙。麻雀一次啄取的水量可能比较少，它们会将鸟喙插入水中后再向上抬起，并重复多次。它们喝水的场景看起来很像在殷勤地鞠躬，看起来令人心旷神怡。

　　有一种鸟类罕见地直接将鸟喙插入水中就能喝到水，它们是鸽子。鸽子将鸟喙深深地插入水中，将水吸入口中后饮用。这种饮水方式堪称吸管式饮水法。

　　鸟类为了便于飞行会尽量减轻体重，因此它们会尽量避免将重物留存在体内。因此，鸟类会优先从食物中摄取水分，再通过饮水补充不足的那部分，在摄取到生活所必需的水量后即适可而止。鸽子、麻雀等以植物种子为食的鸟类，因为食物中的水分含量不多，所以它们可能需要饮用更多的水。因此，人类经常可以看到它们喝水的身影。

只言片语

燕子大部分时间都在飞行，它们会在掠过水面的同时张开嘴饮水。

麻雀吃沙粒可以帮助消化

当我们看到麻雀或鸽子在地面上叨啄时，可能会认为它们在啄食种子吧。不过，仔细观察就会发现，它们偶尔会吃掉一些沙子。

鸟类并没有长出类似哺乳动物的牙齿，用鸟喙叨啄食物时不过是囫囵吞枣地吃下去。这是一种在从小就被教育"咀嚼30下再吃掉"的人类看来难以置信的行为，不过鸟类与人类不同，它们长有两个胃。

囫囵吞下的食物首先会到达食道中间的嗉囊，嗉囊是暂时存储食物的器官。接下来食物会被送到下面的胃——腺胃之中，食物自此开始消化。食物在腺胃中与消化液混合后，接下来会被运送到由强健的肌肉构成的肌胃内。经常食用种子或贝类等坚硬之物的鸟类，肌胃内壁有褶皱，可以像研磨芝麻一样使食物相互摩擦并将其粉碎。小鸟吃下去的小石子或沙子进到肌胃内，可以辅助其进一步地粉碎食物。因此，肌胃也称砂囊。

植物种子会随着鸟类的粪便排泄出来，有时植物会通过这种方式扩大其分布范围。也许你会认为，如果不小心被野鸽、山斑鸠之类砂囊发达的鸟类吃掉，种子被细细地研碎，岂不是得不偿失。实际上，小一些的种子也可能在未被破坏的状态下躲过鸟胃的研磨就被排出了体外。这么看来，植物也为生存做出了很多努力呀。

只言片语

砂囊无法消化而被鸟类从口中吐出的物质被称为"食团"。研究者们通过研究食团可以了解鸟类的食物，食团对鸟类学家而言是重要的研究资料。

爱吃水果的栗耳短脚鹎很容易腹泻

冬天，偶尔有人会将柑橘放在庭院或阳台上，用来吸引可爱的麻雀。不过基本上大家的计划都会落空，麻雀会被栗耳短脚鹎赶走，柑橘也会因此被独占，庭院和阳台也会摇身一变成为栗耳短脚鹎的个人舞台。是的，栗耳短脚鹎非常喜欢水果，无论是庭院或田间的柿子、苹果，还是行道树或绿篱上的南蛇藤、女贞子、七灶花楸的果实，栗耳短脚鹎都很喜欢吃。

鸟类尤其钟爱红色和黑色的果实。一般认为，也许这些植物一开始就期待着被鸟类吃掉果实或种子，因此结出的果实也是鸟类所喜欢的颜色。它们希望将自己的子孙后代混入鸟粪中播撒到远方。

灵长类动物以外的哺乳动物缺乏分辨颜色的锥体细胞，为二色视觉，因此不太能够区分颜色。而鸟类则为四色视觉，它们眼中的世界更加绚丽多彩。在我看来，哺乳动物并不会将红色或黑色的果实视为食物，因此，植物果实颜色的进化方向只是为了吸引鸟类的注意。

虽说如此，如果鸟类被吸引着吃下了果实，但种子却被完全消化的话，对植物而言就得不偿失了。因此，有时这些植物的果实或种子上可能略带毒性，在毒素的影响下，栗耳短脚鹎的肚子就会咕咕叫，并在消化之前将种子排泄出来。这么说来，像是植物故意为栗耳短脚鹎准备了掺入泻药的食物一样，栗耳短脚鹎也太可怜了吧。

只言片语

槲（hú）寄生的果实十分有趣，虽然它被太平鸟等鸟类钟爱，但因其黏性很强，鸟类在排便时，有时会有几颗未被消化的种子在黏液的作用下粘连在一起，缀在小鸟的屁股上。

伯劳的『活祭』是在宣示领地？

注：『活祭』在本书中指伯劳把抓到的猎物穿挂在荆棘上的行为。

伯劳是一种小型猛禽，它会攻击从昆虫到小型鸟类等各种生物，是小型鸟类中数一数二的捕食者。因其将捕获的猎物如活祭般挂在四处的习性而为人们熟知。被伯劳视为活祭目标的生物种类繁多，如昆虫、蜈蚣、蚯蚓、青蛙、泥鳅、小型鸟类、小型蝙蝠等。形态各异的猎物或被串在纤细的树枝末端，或被夹在小树杈内，或被夹在围栏缝隙或尼龙绳的缝内。我们如果在野外的山林中看到生物的肉干，想象一下那个过程难免后背一阵发凉。

伯劳的这种行为常见于秋冬两季，这是因为秋冬时节树叶落下后这些猎物更容易被发现，其实伯劳在春天到夏天的繁殖期也不会中止该行为。有人曾亲眼看到伯劳将小麻雀插在巢穴附近的树枝上，一点一点地喂食给雏鸟的样子。这样看来，伯劳可能把树枝作为临时的食物储备场所。不过，有很多猎物被插在树枝上弃置不管后变成了木乃伊状。因此，伯劳将猎物插在树枝上的主要目的可能是宣示领地的观点也有一定的道理。

另外，还有一种有意思的说法，据说美国的灰伯劳将有毒的蝗虫插在荆棘上长时间弃置，待其毒性消失后再吃掉。毒性消失的原因尚不清楚，不过如果这是伯劳有意为之的话，可见它是一种多么聪明的小鸟啊。

只言片语

在日语中"伯劳之祭"是秋季的季节词，一提到就会让人想起伯劳"ke-yi-ke-yi-ke-yi"高声鸣叫的声音，以及"活祭"猎物的习惯。

远东山雀利用蜗牛补钙

虽说提到长个子就有人建议喝牛奶，不过仔细想想似乎有些违和。牛奶不应该是牛宝宝的专属饮品吗？也许鸟类也是这样认为的，所以它们并不会袭击牛来补充缺乏的钙质。

钙是雌鸟不可或缺的营养物质，因为它们需要产卵，卵的外壳就是由钙元素组成的。可能有人会有疑问，它们为什么要产卵而不是直接生幼崽呢。蛇和鱼类中，有些品种属于"卵胎生"，它们可以不产卵而直接生下子代。不过，对于为了便于飞行而一再试图减轻体重的鸟类而言，相对于增长孕期，它们更愿意将幼崽封入蛋内并将其尽早排出体外吧。

因此，野鸭、鸽子、绿雉等的雌鸟在产卵前会在骨骼内储存钙质。虽然鸟类为了达到减轻体重的目的，腿部和翅膀的骨骼都是中空的，不过在这段时期内，骨骼内部会形成名为骨髓骨的海绵状骨骼，为产卵做准备。

但是，雀形目的小鸟并不会长出这种骨骼，它们在繁殖期会专门吃一些平常不会吃的东西。

鹟（wēng）、冬鹪鹩（jiāo liáo）、日本歌鸲（qú）会吃鼠妇，而远东山雀、鹡鸰则会进食大量的蜗牛壳。人类会在法餐中食用蜗牛肉，而鸟类需要的则是各种各样的蜗牛壳。如果蜗牛的数量减少，鸟类的数量也可能会随之减少哦。

只言片语

恐龙也有骨髓。你知道吗？人们会借此来判断霸王龙的化石属于雌性还是雄性。

麻雀向远东山雀学习捕食方法

冬天，在饵料台上放一些葵花籽、牛油、花生等食物，远东山雀就会纷纷飞来取食。有人不满足于单纯地投放饵料，还会用丝线穿过花生壳并将其悬挂在树枝上，还会做观察记录。据说远东山雀可以用很多种方式吃到花生。它们会通过拉动丝线让花生升高至树枝，再用脚按压打开花生壳，或者倒吊在悬挂的花生上将其咬破。山雀类身体如此灵活，在小型鸟类中屈指可数。

麻雀也被食物吸引来到庭院中，一开始它们没有碰花生，而是仔细地观察远东山雀，接下来它们开始尝试模仿远东山雀来取食花生。不过，花生依旧完好如初。远东山雀和麻雀的身体平衡性、鸟喙大小、体重、握力、擅长的姿势和动作都各不相同。因此，麻雀很难原封不动地模仿远东山雀吃到花生。

不过，三年后，麻雀终于可以倒吊在花生上打开花生壳，成功地吃掉中间的花生仁了。此时，飞到庭院中的麻雀共有三只，它们擅长的技能似乎各不相同。麻雀不仅向远东山雀学习，也互相学习，因此才会取得成功。人们慢慢地发现，鸟类好像会向同一品种以及其他种类的小鸟学习捕食、繁殖等有用的技能。

只言片语

英国人经常会将花生放到笼子内，吸引远东山雀进行食用。有研究发现，英国的远东山雀为了方便取食人类投喂的饵料，鸟喙在短时间内会变长。

山雀科小鸟有收集癖

据说，美国人将不舍得丢弃物品，喜欢囤积东西的人称作"pack rat（喜欢囤物的老鼠）"。"pack rat"是林鼠属啮齿动物的总称，顾名思义，它们会不断地将大量的小树枝和小型垃圾等物品囤积到地下的巢穴中。据说，其中一些大型的储藏库使用的年代还十分久远。

鸟类中有收集癖好的首推山雀类小鸟。它们并不会收集所有物品，不过秋天到来后，杂色山雀、褐头山雀、普通䴓（shī）会不断地到处收集米槠（zhū）、野茉莉、红豆杉等植物的果实，将其藏在地面或树干的缝隙间、树皮下方等处。这种行为被称为"贮食"，有时它们会立刻取出食用，有时则会放置一段时间后再食用。

其中部分食物会被直接遗忘，不过这并非一种浪费行为，被遗忘的种子到了春天就会发芽。这种行为对于一些希望将种子播撒到更远地方的树木而言并非坏事。

山雀类小鸟中最喜欢储存食物的是杂色山雀。它们热衷于"埋藏"和"取出"物品，还能够灵活地进行抓取、衔取、拉拽等动作。以前有一段时间，人们曾利用杂色山雀的习性训练它来卖艺。据说，它们凭借表演"抽签""提吊桶"等技艺而深受欢迎。

只言片语

喜欢屯物的老鼠们的古代储藏库，可能便于人们了解以前北美地区曾经生长过的植物。

凶猛的老鹰可以灵活地使用脚爪

"这种进食方式很失礼，不要再这么吃啦！"

如果人用脚抓取食物吃，一定被妈妈训斥。不过，鹰科动物无视所谓的礼仪，它们用脚捕捉猎物。我们可以看到苍鹰抓着兔子、鱼鹰抓着鱼飞行的场景。

而乌鸦和海鸥却不用脚，它们用嘴叼着猎物飞行，因为它们并不擅长用脚抓着猎物飞行。其区别在于脚爪的形状，鹰或猫头鹰等可以用脚抓住猎物的鸟类，脚爪呈弯曲的弧形，因此它们可以紧紧地抓住猎物。

观察鸟类的脚爪可以发现，不同品种的鸟脚爪形状也不相同。远东山雀平时大多站在树枝上，有弧度的脚爪便于抓握树枝，因此它们的脚爪是弯曲的。啄木鸟平时大多时间在垂直的树干上自由地走来走去，它们的爪子呈更复杂的弯钩状。而经常在地面上行走的鸽子的脚爪与它们不同，是笔直的。生活在草原上的云雀其后爪向后伸出，长度与后趾相当，这样一来，增加了脚部抓握的范围，使其可以更加平稳地站在地面上。

脚爪或鸟喙等与外部环境直接接触的身体部位，为了适应不同的对象而独立进化的概率很高。另外，无论鹰的智商多高，都做不到隐藏脚爪。如果你发现了能够隐藏脚爪的鹰，那应该是看错了。

只言片语

鸟类的脚趾形状也各不相同，大多鸟类都是三趾向前、一趾向后，而啄木鸟则是两趾向前、两趾向后。

红领绿鹦鹉会毫不留情地破坏樱花

　　"食物斗士"指的是吃得多或吃得快的动物，它们进食的状态让人瞠目结舌。在樱花盛开的时候，鸟界的食物斗士或专业大胃王就会在日本上野公园等地现身，它们就是红领绿鹦鹉。麻雀曾因破坏樱花而为人们熟知，不过红领绿鹦鹉也毫不示弱。它们会从根部将花朵扯下来，吸取花朵根部微量的花蜜，再随意地丢掉。

　　体型很大的绿色鹦鹉，有人将它们称作红领绿鹦鹉，也有人称作红领绿鹦鹉斯里兰卡亚种，其实均属同一品种，不过后者为亚种。红领绿鹦鹉本来生活在印度或斯里兰卡，后来作为宠物在世界各地都有饲养，进而出现了野生化现象。野生的红领绿鹦鹉大多成群结队地飞来飞去，叫声分为"啾咿——"或"啾啾啾啾啾啾"两种，音色十分有特点，而且叫声宏亮，因此很容易分辨。

　　特别是傍晚归巢时，红领绿鹦鹉的叫声几乎达到了喧闹的程度。有研究认为它们会围绕在巢穴周围大声鸣叫。红领绿鹦鹉主要以植物为食，它们的鸟喙十分僵硬，无论是花朵、嫩芽、叶片，还是柔软或坚硬的果实，他们统统来者不拒。它们好像很喜欢在较高的树洞内建造巢穴。大概鸟类吃得越好，生命力越旺盛吧。

只言片语

红领绿鹦鹉虽然原本生活在热带地区，但完全可以适应日本的冬天。

候鸟的秘密

　　有些鸟会在抚育雏鸟的繁殖地与度过冬天的越冬地之间迁徙。在这些候鸟中，既有像燕子一样，春季到秋季为了繁殖生活在北方，并在温暖的南方越冬的"夏候鸟"，也有与大多数鸭科动物一样，为了越冬而来到北方，却返回更北的地方进行繁殖的"冬候鸟"。一般认为，候鸟们为了更加高效地获取食物以抚育雏鸟或度过寒冬才会进行迁徙。

　　"留鸟"指的是如麻雀一样，一年四季停留在同一个地方的鸟类。栗耳短脚鹎中的一部分属于留鸟一族，另一部分属于候鸟一族。"旅鸟"指的是中途在某地短暂停留，但并不在该地区繁殖或越冬的鸟类。旅鸟们会给翅膀一段短暂的休息时间后再次起航，说起来倒给人以一期一会之感。

　　人们很难在小型鸟类身上安装跟踪装置，因此部分鸟类的迁徙路线尚未明确。人们已经知道，冬候鸟小天鹅在中国、日本和俄罗斯的西伯利亚苔原带之间迁徙。夏候鸟凤头蜂鹰则在中国、俄罗斯、日本和菲律宾、马来西亚、印度尼西亚之间迁徙。还有在南极和北极之间迁徙的北极燕鸥，以及偶尔会越过高达 8km 级别山峰的蓑羽鹤。有些鹬科和鸻科鸟类为了不吃不喝地迁徙，缩小了消化器官。迁徙是一种极富鸟类特色的生活方式，迁徙的候鸟需要掌握飞行技巧，以实现短时间内的长距离移动。

第3章

鸟类的爱情故事

彩鹬（yù）的喉部形似圆号

从春季到初夏，夜晚的水田会传来"kong——kong——"的鸣叫声，这些声音可能是彩鹬发出的。虽然在一片黑暗中看不见它的身影，不过可以想象它们正在大声鸣叫着吸引异性的注意，声音宏亮，毫不逊色于背景中连绵的蛙叫声。

彩鹬的雌雄职能分工有点特别，雌性鸣叫着吸引雄性，雄性则负责孵蛋和抚育雏鸟。雌鸟将抚育雏鸟的工作托付给雄鸟后，再与另一只雄鸟相恋并产卵，并再次把抚育雏鸟的工作托付出去。彩鹬雌鸟最喜欢的食物是小动物，堪称肉食系女子的典范。

彩鹬雌鸟的叫声中隐藏着秘密。一般，鸟类的气管是由口部笔直地连接到肺部，彩鹬的气管则像圆号一样盘绕在喉部。鸟类凭借气管深处的鸣管发声，彩鹬凭借延长后的气管可以发出更加宏亮的叫声。

新几内亚岛的号声极乐鸟的气管更长，它们长度为 30cm 的身体内竟然容纳了长达 75cm 的气管。喉部无法完全容纳长长的气管，在胸部上方又以螺旋状绕了五圈。一般认为，长长的气管带动胸骨振动，以肺部和气囊等空间为共鸣箱，发出了宏亮的声音。圆号配上小提琴可以组成一个人的管弦乐队呢。

宏亮的声音让人联想到巨大的体型。也就是说，它们通过发出宏亮的声音来模拟大体型生物。捕食者在听到巨响后会十分恐惧落荒而逃。因此，叫声越宏亮意味着身体越健康，也就越受异性的欢迎。

只言片语

在雌雄羽色差异较大的鸟类中，大多都是雄鸟的颜色更突出，不过彩鹬则是雌鸟颜色艳丽，雄鸟羽色暗淡。

日本树莺的歌声是需要学习的

人们提到日本树莺的鸣唱马上就能想到"hou-hou-kai-ke-you"的声音，另外，它们还能发出"kai-ke-you-kai-ke-you"的叫声，这种叫声在日本被称为鸟类飞越山谷时发出的鸣叫声。它们还能发出类似"qia—qia"的声音，不过这种叫声属于鸣叫而非鸣唱，声音小而单调。

日本树莺虽然被视为歌唱达人，但与鹟科鸟类以及伯劳相比，其实它们的鸣唱种类并不多。与那些轰动一时后就凭借一首歌吃老本的歌手十分相似。只有雄鸟才能发出经典的"hou-hou-kai-ke-you"鸣唱，而且日本树莺是一夫多妻制，如果能够唱出动听的"hou-hou-kai-ke-you"，它们就可以一直维护好领地，吸引更多的雌鸟围绕在身边。也就是说，唱歌是否好听，是关系到雄鸟生死存亡的问题。正因为如此，日本树莺才一直不放松对歌曲品质的打磨吧。

日本有个电视节目，在制作特殊声音唱片集时，就收录了歌唱达人——名莺*的歌声。日本曾经栖息着大量的鸟类。野生的日本树莺会仔细聆听附近的雄性歌唱达人的鸣唱并向其学习。不过遗憾的是，人工饲养的日本树莺幼鸟却没有这个条件，它们的老师大多是其他人工饲养的日本树莺。如果大家有幸听到唱片集，可能很多人会感叹"啊，这个声音我听过"。

只言片语

在日本有一个"名莺效应"。就是把幼莺和叫声优美的名莺放到一起饲养，让幼莺掌握其叫法，到第二年春天开始独立鸣叫的时候，幼莺就能发出优美的声音，便成了名莺。

*日本将叫声优美的莺鸟称为名莺。

伯劳通过模仿其他鸟类的叫声求偶

　　在日语中，"二枚舌"意为撒谎，说话前后矛盾，是个贬义词。那么，如果舌头的数量增加到"百枚"，岂不是更了不得啦。伯劳在日本又叫"百舌鸟"，顾名思义它能发出很多种声音。提到伯劳，令人印象深刻的是秋季传来的类似"ke-yi-qi-ke-yi-qi-ke-yi-qi"的高声鸣叫，不过它们在繁殖期模仿其他鸟类的鸣唱更加广为人知。有时，庭院的树上先传来大苇莺"高嘻高嘻、高呜高呜"的叫声后，立刻从同一地点又传来了云雀"噼—喊苦、噼—喊苦"的鸣唱，令人十分吃惊。这时，大家会不约而同地停顿一下后，齐声吐槽——是伯劳。

　　除伯劳外，黄眉姬鹟也可以模仿灰胸竹鸡或寒蝉的叫声，松鸦则可以模仿灰脸鵟（kuáng）鹰或鹰雕等猛禽的叫声。能够鸣唱的鸟属于雀形目的雀形亚目，又称"鸣禽类"，其中能模仿鸣叫声的鸟约占世界上所有鸣禽类的 20% 左右。能够模仿鸣叫声的鸟儿需要拥有发达的、可供模仿信息输入并输出的大脑，以及可以发出复杂声音的发声器官。另外，据说这些鸟类随着年龄的增长依然会持续学习。

　　不过，伯劳为什么要模仿其他品种鸟儿的鸣唱呢？有观点认为这是为了获得雌性的关注。据说，模仿的鸟类越多，能够鸣唱的叫声种类越多，它们就越受欢迎。此外，还有学者认为伯劳会通过模仿复杂的叫声来驱赶竞争对手。

只言片语

鸟儿只要学会模仿多一种鸣唱，就可以获得雌性更多的关注。

不同品种的野鸭可能会相爱

生物分类学上有一个永恒的题目——外形相似的生物究竟属于同一品种还是不同品种。其分类标准你可能也听说过，即可以交配的为同一品种，不能交配的则划分为不同品种。这种分类方式的出发点是生物学物种概念，不过，其实很多时候人们很难根据是否可以繁殖进行分类，因此最近这种分类方式应用得越来越少。

在现实生活中，很少在野外见到杂种个体。如果与异种结为伴侣，与同种的繁殖机会就会减少，而且杂种幼崽羽毛的颜色和花纹"不伦不类"，可能不会受异性欢迎。野生动物并没有闲情逸致去做这种毫无益处的事情。

不过，鸭科动物反其道而行。冬天到来后，在一个池塘内绿头鸭挨着绿翅鸭又挨着针尾鸭……可能聚集着多达十种的鸭科动物。仔细观察就能发现，拥有两种特征的个体并不少见。不知为何鸭科动物产下杂种的概率很高，其中以绿头鸭与斑嘴鸭的杂种为代表，还包括各种不同组合形成的个体。

不同品种的雄鸭外形各不相同，不过雌鸭的羽毛均为褐色，令观察者十分困扰。大概连它们自己都很难分辨清楚吧。

只言片语

雌雄斑嘴鸭的外形十分接近。雌鸭背部后方的羽毛边缘为白色，雄鸭的则颜色稍微浅一些，不太明显。不过因为还存在个体差异，所以很难分辨雌雄。

山斑鸠会盘旋着求偶

提到鸟类向异性求偶的方式，首推高亢而复杂的鸣唱。另外，有一些鸟类会用美丽的羽毛吸引异性的目光，也有一些鸟类选择赠送食物，还有像澳大利亚的极乐鸟科动物一样用舞姿的，或如园丁鸟科一般建造房屋并把周围装饰起来以示魅力的……总之，不同鸟类吸引异性的方式也各不相同。

鸟类为了留下后代而努力奋斗的样子既美丽动人，又心酸地让人忍不住要流泪。不过，有一种鸟在求爱时会"悠然地飞翔"，气质优雅大气，它们就是山斑鸠。山斑鸠不同于成群结队在车站前或公园活动的野鸽，它们羽毛的颜色和花纹不存在个体差异，身体均呈蓝灰色，颈部长有蓝白色的条状斑纹。大多单独或与配偶结伴活动，会发出类似"得—得—剖—剖—"等鸣叫声。虽然名为"山斑鸠"，但在城市中也很常见。在人类或车辆靠近时，山斑鸠大多不会逃走，是一种看起来不拘小节却又十分稳重的鸟类。

为了求偶而进行的飞行被称为"展示性飞行（display flight）"。山斑鸠在进行展示性飞行时，会在拍打翅膀飞到一定高度后，展开翅膀做出滑翔的姿势，一边慢慢地盘旋一边降下来。该姿势类似于花样滑冰中的燕式旋转。乍一看会觉得只是单纯的飞行而已，略显单调，仔细观察后才能发现它们是在优雅美丽地滑翔。如果发现山斑鸠绕圈滑翔的身影，也顺便畅想一下它们的爱情生活吧。

只言片语
一种名为凤头蜂鹰的鹰科动物在进行展示性飞行时，会挺起身体，尽可能地抬高双翼。澳南沙锥则会边鸣叫边翩翩飞起，发出振翅声并俯冲下来。

啄木鸟大声呼唤爱情

日本常见的啄木鸟包括日本绿色啄木鸟、大斑啄木鸟、小星头啄木鸟等。其中日本绿色啄木鸟是日本的固有种，仅在本州、九州、四国有分布，有观鸟者甚至为了观看这种鸟而专程来到日本。

顾名思义，啄木鸟指的是啄树的鸟。有时，森林中可以听到"哒啦啦啦啦啦"类似鼓点一样快节奏的声音，这是啄木鸟为了宣示领地或求偶，用坚硬的鸟喙叩啄树木而发出的声音。这种行为是啄木鸟科鸟类独有的行为，雄鸟啄击时发出的声音越大说明其越优秀，因此雌鸟会坚持寻找敲击声最响亮的那只雄鸟。通过三段论法分析可知：声音大 = 有力气 = 强壮的雄鸟。

因为敲击干枯的树木比鲜活的树发出的声音更响亮，所以，啄木鸟也会叩啄枯树、木制电线杆等等。有时它们还会叩啄护窗板收纳箱、信箱或人类为其他鸟类安置的鸟巢箱等物品。如果啄击中空结构的箱子，这个箱子就会变成名副其实的打击乐器。不过，据说在某个夏季清爽的早晨，住在安静高原上的一家人被墙壁上传来的轰鸣声吵醒。它们发现自己为准备抚育可爱的雏鸟的小鸟夫妇安装的鸟巢箱，被啄木鸟连续敲击啄出了孔洞，小鸟们也受到了惊扰。对于这些无辜的对象而言，啄木鸟的这一习性毋庸置疑属于扰民行为。

只言片语

啄木鸟是著名的森林益鸟，它们除了消灭树皮下的害虫以外，其叩啄树木的痕迹可作为森林卫生采伐的指示剂。

翠鸟赠鱼示爱

从圣诞节到生日，从结婚纪念日到情人节……总之，现代社会人们互相赠送礼物已经成为日常。一时疏忽忘记了礼物，有可能在一定程度上造成人际关系失和，一定有人曾有过类似的体验吧。也许有人想抱怨一下，鸟类就不用烦恼这些事啦，但其实鸟界也并非与送礼文化全无关系。

例如，翠鸟虽然拥有被人们誉为"溪流中的蓝宝石"的美丽钴蓝色羽毛，但它们只要有鱼，有可供它们筑巢的环境，即便河水不太干净，也能开心地生活下去。

雄性翠鸟会在繁殖期捉鱼送给雌鸟。如果雌鸟中意雄鸟，就会接受鱼并与其交配。这种求爱方式，既彰显了"我的捕鱼能力很不错哦"，又可以为即将产卵并孵卵的雌鸟补充营养，可以称得上是一箭双雕。而且，为了方便雌鸟进食，雄鸟还将捉到的鱼狠狠地摔打在栖木上使其失去行动能力，为了避免雌鸟吞咽时被鱼鳞卡住，它们在赠送礼物时还会将鱼头朝向雌鸟。这是一种多么温柔的动物，有着多么细腻的心思啊。

鸢、游隼、鹰鹃、白额燕鸥、伯劳、灰喜鹊等鸟类都存在这种"求爱给饵"的行为。雄性游隼会在空中轻轻地将捕捉到的小鸟抛出去，雌鸟则在空中接过赠礼，这简直是一场野性满满的爱情投接球游戏啊。

只言片语

游隼的求爱给饵行为并非只有文中提到的一种，雄鸟有时也会在突出的岩石台或树上，将猎物直接交给雌鸟。

鸳鸯每年更换伴侣

在我们的传统印象中，鸳鸯这种水鸟，总是成双成对的，正因为如此，它们便成为了恩爱夫妻的象征。另外，鸳鸯也作为吉祥物的图案而备受喜爱。其实鸳鸯每年都会更换伴侣，不过，可不要在背地里失望：所谓的"恩爱夫妻"岂不是假的嘛。因为不只是鸟类，很多动物维系的都是这样的夫妻关系，并且至少在繁殖期间人家的夫妻关系很好呢。

鸳鸯属于鸭科动物，与冬季会飞到市区池塘等处的野鸭亲缘关系很近，雄鸟长有绚丽的繁殖羽。它们会在 1~3 月结为伴侣，4~8 月在森林中的大树树洞内筑巢。决定筑巢地点的是雌鸟，筑巢的也是雌鸟，孵蛋的还是雌鸟，照顾雏鸟也由雌鸟自己负责。虽然雄鸟会负责守护领地，不过在雌鸟产卵后雄鸟就会离开领地，在下一个繁殖期到来前寻找新的雌鸟。

也许你会认为，无论如何在当今社会这都是有些过分的行为，不过这仅仅是相对于人类而言的。这是鸳鸯经过很长时间进化而来的繁殖方式，因此这种夫妇模式对它们而言是适合的。鸟类中存在一夫多妻、一妻多夫、多夫多妻等现象，这可能是因具体需要而形成的繁殖方式。

虽然鸳鸯每年都会更换伴侣，不过丹顶鹤、天鹅、白头雕、猫头鹰、信天翁、企鹅等鸟类都是同一对伴侣相伴终生的恩爱夫妻。那么，会不会有人提议，以后将帝企鹅夫妇的图案用在新娘服上呢？

只言片语

有时鸳鸯会在远离水边的高大树木上筑巢。这样一来，雏鸟出生后要先从树上飞下来，有时会需要走很长一段距离才能到达安全的水域。

鸟类的娱乐方式　春天～夏天

　　春季到夏季是鸟类的繁殖季，它们需要划分领地，寻找配偶，抚育幼鸟，是一年中最忙的季节。从早春时节开始，麻雀就会发出"啾—啾咿—"，远东山雀则会发出"呲—噼—呲—噼—"的宏亮鸣唱。你在听到这样的叫声后，请仔细地聆听，并在电线杆或路标上方等醒目处找一找它们的身影吧。

　　鸟类结为伴侣后，我们就可以看到它们努力筑巢的身影了。我在看到银喉长尾山雀等小型鸟类嘴里衔着满满的草或者地衣等筑巢材料，辛苦搬运的样子时，就忍不住想要帮它们助威鼓劲。在雏鸟离巢后，人们就会在鸟群中看到离巢幼鸟的身影，幼鸟的羽色比成鸟略浅。

　　接下来，夏候鸟纷纷飞来。燕子在农田、河滩以及城市之间飞来飞去。在日本，各地的人们还会记录首次看到燕子的时间，即"初见日"。初见燕子如同观赏首批盛放的樱花一样也是日本春季的风物诗。

　　山林回荡着小鸟动听的鸣唱之声。初春时节，树叶刚刚发芽，视野开阔，非常适合观赏鸟类。不过请不要窥视鸟巢，因为鸟儿们没办法区分善良的人类和天敌。如果它们在筑巢后认为这个巢穴不适合抚育雏鸟，有时也会放弃辛苦筑成的巢穴。

　　在盛夏时节到来之前，鸟儿们的育雏工作也告一段落。想象一下，雏鸟们在茂盛的树木和草叶之间渐渐长大的场景，顿感心旷神怡。

第4章

抚育幼鸟

哇~

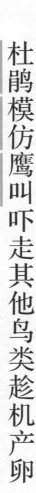

杜鹃模仿鹰叫吓走其他鸟类趁机产卵

夏天，高原上回荡着类似"咔—叩—、咔—叩—"的悦耳鸟鸣声，原来，声音的主人是杜鹃。在日语中，杜鹃鸟的名字发音也是"咔叩"。另外，杜鹃的英文名"cuckoo"也源自于其鸣叫声。也许世界上的任何人听到它的叫声都想以此为它们命名也说不定。

不过，只有雄性杜鹃才会发出"咔—叩—"的叫声，雌性杜鹃的叫声是"噼噼噼"，也就是说以叫声命名的名字只体现了雄鸟的特征。在男女平等的现代社会出现这样有失偏颇的行为简直太不像话啦。另一方面，雄鸟也能发出"噼噼噼"的叫声，为了平等体现雌雄两性的特征，将杜鹃的日文名"咔叩"改成"噼噼噼"岂不是更合适。

话说，其实"噼噼噼"的叫声与鹰的鸣叫声十分相似。杜鹃作为会在其他鸟的巢穴中产卵的托卵鸟而闻名，不过如果它将卵产在其他鸟类的窝中的事情被发现了，好不容易产下的卵就会被丢出去。因此，它们企图模仿鹰的叫声，趁着亲鸟警惕起来飞出去的间隙，悄悄地将卵产在鸟巢中。杜鹃背部为灰色，腹部长有横纹，其配色与一种名为雀鹰的鹰科动物很相似。

托卵也就是将育雏工作托付给其他鸟类，这种行为看似十分轻松。不过，它们已经丧失了营巢的习性，再也无法自己育雏。因此，为了后代的延续，最重要的就是切实地完成托卵寄生的任务。因此，杜鹃逐渐进化出了高明的骗术。

只言片语 ——
古希腊哲学家亚里士多德创作的《动物志》中也提到了杜鹃托卵。这样看来，托卵行为自古以来就广为人知啊。

燕子喜欢在人类周围抚育雏鸟

春天到来后燕子就会飞来，并开始在房屋的屋檐下筑巢。燕子将唾液和枯草、泥土混在一起，像泥瓦匠一样灵活地涂抹在墙壁上，用来建造巢穴。

鸟类大多不会在人群密集处筑巢。不过，燕子尤其喜欢在房屋的大门或店铺出口处等人来人往的地方筑巢。我认为这可能是一种利用人类的行为。

为什么这么说呢？燕子最害怕的是鹰和貂等捕食者，它们尤其喜欢袭击建在高处的巢穴。如果人群较为密集，这些捕食者们就不会轻易地靠近。另一方面，人类对以危害农作物的害虫为食的燕子十分友好。人类与燕子之间是双赢的共生关系。

实际上，人们很少在人工建筑物以外的地方发现燕子的巢穴。虽然人类生活对自然界造成了不少的负面影响，不过对于燕子而言，人类却是不可或缺的存在。

人类建造可供燕子筑巢的房屋的历史最多也只有几千年而已，在人工建筑物尚不存在的时候，燕子可能会在悬崖或洞窟等处筑巢。也许人类在还扛着石斧、啃着长毛象肉骨头的时代，就在洞窟中完成了与燕子的初次会面。

只言片语

飞到日本的燕科动物有燕子、毛脚燕、金腰燕、崖沙燕、洋燕等。其中，只有崖沙燕会在悬崖上挖洞筑巢。

杜鹃的雏鸟善于撒娇

杜鹃或小杜鹃并不会筑巢，它们选择托卵，即在其他鸟类的巢穴中产卵，让养父母帮助其抚育幼崽。杜鹃雏鸟会比原生的孩子更早孵化，并将其他的鸟蛋扔到巢穴外。杜鹃雏鸟背部甚至长有用于托放鸟蛋的凹陷，方便其将鸟蛋放在背上，运到巢穴边缘，扔出巢穴。

很多鸟类的雏鸟嘴巴内部都是黄色的，亲鸟看到这种颜色后，会驱使其产生喂食的冲动。杜鹃雏鸟的嘴巴也呈鲜艳的黄色，大大地张开后会刺激亲鸟的喂食本能，它们拼命地进食，不知不觉间长得比自己的养父母都大了。

杜鹃科鸟类中有一种鸟名为棕腹杜鹃，它的叫声类似"啾—咿喊"。鸟类翅膀的弯折处被称为翼角，棕腹杜鹃雏鸟的翼角上不长羽毛，皮肤部分呈鲜艳的黄色。它们在张开嘴的同时会抬起两侧的翼角，看起来就像是三只雏鸟在讨要食物。养父母会被它们的"分身术"迷惑，以为有很多只雏鸟在等待哺育，只能拼命地捉虫子，并因此忙得不可开交。

不过，如果养父母一直像这样被当作"托卵"的对象，就不会再留下后代。经历过数次欺骗后，它们逐渐进化出了分辨其他鸟蛋的能力。如果被托卵的养父母发现了，杜鹃有时会再次寻找其他种类的鸟进行托卵。

只言片语

杜鹃和棕腹杜鹃的蛋与其选定的托卵对象的蛋无论颜色还是花纹都十分相似。

麻雀在昆虫数量最多的季节抚育幼鸟

麻雀或金翅雀等以植物为食的鸟类，大多用昆虫等动物类食物喂食雏鸟。以在日本关东地区繁殖的麻雀为例，它们在 3 月末到 4 月初前后开始筑巢、产卵、孵蛋，在 5 月初左右为出壳的雏鸟辛勤地寻找食物。

因为雏鸟期越长被敌人袭击的风险就越高，所以雏鸟必须在出生后两周左右的时间内，完成骨骼、翅膀、肌肉的发育，体型长到与成鸟差不多大，并学会飞行。因此，雏鸟需要蛋白质丰富的动物类食物，成鸟会调整繁殖时间，以使雏鸟进食欲望最强的时期恰好处在昆虫数量较多的初夏时节。无论是人类还是鸟类，进食欲望强烈的小朋友都喜欢吃肉吧。

我们经常可以看到麻雀飞来飞去寻找虫子的身影，它们捕捉的大多是在地面、树木、人工设施的缝隙等处徘徊的虫子。这样抓到的虫子也并非都符合要求，成鸟需要根据雏鸟的生长期仔细挑选。雏鸟很小的时候需要喂食小而柔软的虫子，渐渐地就需要换成大而坚硬的虫子了。成鸟为了捉到适合雏鸟食用的虫子，有时还会飞去距离巢穴几百米之外的地方寻找。无论麻雀、远东山雀，或是灰椋鸟，它们的育雏季都在同一时期。就像大甩卖吸引人群蜂拥而来一样，鸟类捕食虫子的竞争也极其激烈。

只言片语

麻雀等小型鸟类在育雏期间捕捉的昆虫数量十分惊人。此前法国就发生过因为驱逐麻雀而造成农田害虫泛滥的事例。

乌鸦喜欢用新材料筑巢

如果冬季在树叶落尽的树木高处发现一堆小树枝，那可能是乌鸦的旧巢穴。乌鸦的巢穴是由树枝组成的直径 50~80cm 左右的盘形物，为了让雏鸟不受凉，且住得更温暖舒适而精心地铺上了苔藓、树皮、鸟羽毛、草等材料。上文提到的是以前乌鸦筑巢所用的材料。现在的乌鸦在巢穴中大胆地用到了尼龙绳、塑料袋等自然界中没有的新材料。部分鸟类会积极地使用一些便于筑巢的材料，其中暗绿绣眼鸟等鸟类也经常用到尼龙绳。

在所有新的筑巢材料中，最受乌鸦喜爱的便是衣架。它们喜欢的既不是黑色的塑料衣架，也不是木制衣架，而是那种铁丝制衣架。有人曾经目击乌鸦将自己家里阳台上的衣架盗走的经过。因此，如果你感觉到阳台上衣架的数量少了一些，也许乌鸦正在某个地方用它们育雏呢。大家可以抬头观察一下树上，找一找上面那一堆由蓝色、白色、粉色等颜色组成的五颜六色的乌鸦巢穴，应该都是谁家的衣架吧。

乌鸦还使用了其他柔软材料，铺在巢穴内部。作为栖息在人类生活圈中的生物，它们的首选是宠物毛发等兽毛。据说，它们好像盯上了日本上野动物园的大熊猫。同样是动物园内的动物，它们选择了大熊猫而非山羊，这是为什么呢？

只言片语

鸟类大多会选择枝叶繁茂，可以隐藏巢穴的大树筑巢，不过，有些个体并不介意这些，它们有时也会在电线杆、铁塔等视线毫无遮挡之处筑巢。

银喉长尾山雀的巢穴内部十分柔软

日本的小型留鸟会在樱花开放前夕开始准备筑巢，银喉长尾山雀就是其中的一员。据说银喉长尾山雀是日本体型最小的鸟类，它们辛勤地用鸟喙收集筑巢的材料，嘴上叼着一堆东西搬来搬去的样子可爱极了。树皮、鸟类羽毛，以及蜘蛛网、地衣、苔藓等都被它们用作筑巢材料。

银喉长尾山雀的巢穴形状十分独特，它们利用分叉呈 Y 字形的树枝，建造出球形巢穴。巢穴的上方有一个作为出入口的孔洞，还带有屋檐。外壁以苔藓为底，上面覆盖着用蛛丝或蛾的茧丝固定住的地衣，因此防水性良好。银喉长尾山雀会将卵产在巢穴内侧。它们热衷于在巢穴内侧铺满鸟类羽毛、虫巢等柔软的材料，在内部装饰上充分发挥了细致的工匠精神。

曾有人数过银喉长尾山雀巢穴内的羽毛数量，竟然达到 100 多根，据说用量最多的可达 2900 根。仅仅收集如此大量的羽毛，就需要付出超多的劳力。比如日本爱知县的银喉长尾山雀的巢穴，其中有栗耳短脚鹎、三道眉草鹀（wú）、灰头鹀等小型鸟类的羽毛，但大部分都是绿雉、山斑鸠、野鸽、大嘴乌鸦、小嘴乌鸦、苍鹭、夜鹭、绿头鸭、绿翅鸭、针尾鸭、斑嘴鸭、鸡等大型鸟类的羽毛。鸭科动物冬天会在水中遗落大量的羽毛，可能更容易收集。不过这些羽毛对于体型较小的银喉长尾山雀而言显得十分巨大。想象它们叼着大羽毛努力工作的样子，实在太可爱啦。

只言片语

银喉长尾山雀是一种身体灵便的小鸟。在初春筑巢季，人们可以看到银喉长尾山雀站在树干上收集地衣，或飞在空中叼住飘飞的羽毛的场景。

山斑鸠的巢穴非常粗糙

山斑鸠与栗耳短脚鹎、灰椋鸟一样，原本大多栖息在农耕地或山地的树上。20 世纪 60 年代开始进入城市，现在已经是分布范围很广的鸟类了。

山斑鸠的巢穴原本是建在树上，由树枝组成的。雄鸟、雌鸟分工合作，雄鸟负责折断树枝、拾起后将其运回，而雌鸟待在准备筑巢的地方，负责接收雄鸟搬回来的筑巢材料，将其编织成盘形。在一些鸟类相关图书中，会将山斑鸠的巢穴评价为"粗糙"。的确有时从下向上看，还能在树枝的缝隙中看到鸟蛋，不过，想象一下山斑鸠辛勤搬运 100~200 根树枝的场景，又不禁产生同情，觉得这个评价太苛刻了。

近年来，山斑鸠还会在铁塔、大楼等建筑物上筑巢。也许它们觉得空调的室外机或热水器等平整的地方非常稳定，因此它们在这些地方筑巢时，有时只会用到几十根树枝。嗯，粗糙吗？不，一点也不粗糙。毕竟城市不比山林，很难找到合适的树枝，放上少量树枝让鸟蛋不会滚来滚去，就没什么大问题。

另外，有时山斑鸠会将其他鸟类的巢穴略经修整后使用。山斑鸠不仅会使用同类的巢穴，也会用其他鸟类的巢穴，只要足够坚固，它们就不会介意。我倒是觉得山斑鸠的巢穴一点都不粗糙，它们只是不拘小节而已。

只言片语

据说，日本冲绳县西表岛周围小岛上的鸟儿们因为地面上没有捕食者，所以以常常在地面上筑巢。看来鸟类也很擅长随机应变呢。

麻雀有时在敌人的领地抚育幼鸟

　　麻雀可能是我们生活中最常见的野鸟，它们同时也是自然界中最弱势的小鸟。

　　麻雀以草籽为食，它们曾经屡次因吃掉水稻而被当作害鸟驱逐。麻雀生活在草较多的开阔环境中，是捕食者很容易发现的猎物，也是最受苍鹰欢迎的食物。

　　对于麻雀而言，结群而居是它们保护自己的重要手段。群体越大在受捕食者攻击时，每个个体被吃掉的概率就越低。相当于班级的人数越多，上课时被老师点名的概率就越低。

　　如此弱小的麻雀其实有私藏秘法保护自己，那就是生活在鹰之类天敌的生活区域附近。苍鹰、鸢等猛禽习惯在树上堆叠大量的树枝筑巢。有时麻雀会在它们巢穴下方的缝隙中筑巢。难道这就是"最危险的地方也可能是最安全的地方"吗？鹰很难发现脚下的猎物，其他的捕食者又因为恐惧鹰而不敢靠近。再也没有比这里更安全的地方了。这样看来，弱者也有弱者独有的生存之道啊。

只言片语

灰喜鹊有时会在鹰科的日本松雀鹰巢穴附近营巢。日本松雀鹰会将靠近其巢穴捕食雏鸟的大嘴乌鸦赶走，灰喜鹊就是利用了日本松雀鹰的这一习性筑起了安全之巢。

灰椋鸟在择巢失败时将蛋托付给其他同类

　　杜鹃科鸟类的托卵行为十分有名，它们会趁其他鸟产卵期间，在其巢穴内产下相似的卵，成功完成托卵。而且，杜鹃的雏鸟会早于养父母的卵孵化，还会用臀部将其他的卵推出巢外，自己独占养父母的哺育，听起来会让人觉得"无耻至极"。杜鹃科鸟类虽然属于恒温动物，但它的体温变化比较剧烈，无法自己完成孵蛋任务，因此，杜鹃托卵也许是一种无奈的行为。

　　杜鹃的托卵对象是其他品种的鸟类，而灰椋鸟、鸳鸯则会将卵托付给相同品种的其他伴侣，即"种内托卵"。这几种鸟均有自己繁殖的能力，有时却会选择托卵，为什么呢？

　　对于结群生活的灰椋鸟和苦恼于适合筑巢的大树洞数量有限的鸳鸯而言，即使想要繁殖，可能在繁殖地内也找不到适合筑巢的空间。人们通过调查发现，实际上，如果在灰椋鸟进入繁殖期前设置大量的巢箱，托卵的灰椋鸟数量就会减少。也许在自己可以孵卵时，它们就不会选择托卵。由此可见，种内托卵可能是择巢失败的鸟类伴侣"碰运气"地将卵产在其他伴侣巢穴内的一种行为。这其实也是无奈之举啊。

只言片语

灰椋鸟本来在树洞等处筑巢，其栖息地转为城市后，则喜欢在护窗板收纳箱、换气用的通风口或建筑物的缝隙中筑巢。从春天到夏天都能看到它们飞来飞去的身影。

金雕背负了兄弟相残的命运

124

无论是《圣经·旧约》中的该隐和亚伯，还是《三国演义》中的曹丕和曹植，都是闻者伤心，听者落泪的兄弟相残的悲剧故事。不过，兄弟相残在自然界中并非过去的逸闻，而是时时刻刻正在上演的残酷现实。

兄弟相残是鸟类世界在进化中形成的生存法则之一。金雕一般会间隔三四天产下两颗卵，因此，两颗卵的孵化时间是错开的，兄弟之间的发育程度也不同。在孵化后两周左右的时间内，几乎所有巢穴中先出生的个体都会将后出生的个体啄死。不过，这是生活在日本的金雕的常见习性，在其他国家的金雕身上并未发现。

其中一只卵背负着几乎是注定陨落的命运，金雕却固执地产下两颗卵，这种行为看起来残酷又无奈。不过，如果孵化不成功，或出生后的雏鸟发育不顺利，另一颗卵存在的意义就凸显出来啦。大型鸟类的繁殖时间长达几个月，如果中途失败的话，是没办法简单重来一次的。与之相比，为了以防万一而准备"备胎"的行为失败成本更低。

偶尔会有人邀请我回答关于"鸟类的繁殖是否可以为人类的生育提供一些参考"的问题，我思考了一下，似乎并不可行。

只言片语
栖息在日本小笠原和冲绳的褐鲣鸟也拥有同样的习性。它们会产下两颗卵，之后也会出现兄弟相残之事，很少有两只幼鸟均安稳离巢的时候。

银喉长尾山雀想抚育幼鸟

　　鸟类大多实行一夫一妻制，但是银喉长尾山雀、灰喜鹊、翠鸟等鸟类偶尔也会请"保姆"来帮忙。这种情况下，保姆被称为"助手"，它们自己放弃繁殖，而是选择帮助其他的鸟类伴侣繁殖，会协助运送饵料喂养雏鸟或保护领地等。有助手存在的繁殖被称为合作繁殖。

　　银喉长尾山雀大多会帮助有血缘关系的亲属繁殖，而有些选择合作繁殖的鸟类也会帮助亲属以外的个体。虽然银喉长尾山雀以雄性助手更多而闻名，不过，不同品种的情况也有所不同，有些品种雌性助手更多，有些则雌雄助手的数量相当，还有一些品种的助手数量过多。

　　一般认为，合作繁殖对于助手而言也有很多好处，如通过精心地照顾弟弟、妹妹、外甥或侄子等，也可以让与自己血缘相近的基因遗传下去，此外，助手将来继承所帮助的鸟类伴侣领地的概率也很高。不过如果助手数量过多，在未与邻近家族发生领地之争或受到天敌袭击等事件的情况下，有些个体几乎不会提供什么帮助，只会无所事事。

　　在鸟类的助手界中，人们还发现过银喉长尾山雀帮助远东山雀喂食。可能银喉长尾山雀是一种极其渴望成为助手的鸟类吧。

只言片语

据悉，分布在美国与墨西哥之间的鸦科动物西丛鸦，在有助手的情况下，可以抚育更多的雏鸟，亲鸟的存活率也更高。

离巢后的小麻雀们会结群生活

我们常看到一群一群的麻雀，通常会认为麻雀是结群生活的。不过其实从早春到夏天，麻雀都是以由伴侣和孩子组成的家庭为单位生活的。只有刚刚离巢的小麻雀才会结群生活。秋天，郊外的田地里有时会聚集着数千甚至上万只麻雀，它们同时飞上天空的样子，仿若移动的云霞，令人感到震撼。

小麻雀们白天在田地或草地上吃草籽等食物，夜晚则在苇塘等地势较高的草地或行道树上筑巢。它们有时还会在车站前的行道树上筑巢，傍晚时分大量的麻雀在其中出入，并纷纷发出"秋秋秋"或"啾啾啾"的叫声。其吵闹程度堪比中学生的集体宿舍。麻雀之所以选择在车站前集体住宿，是因为这里的人流量大，因此天敌较少，非常安全。

另外，如果利害关系一致，不同品种的鸟类有时也会毫不犹豫地合作。繁殖期结束的远东山雀或褐头山雀等，有时会与其他品种的山雀类小鸟共同结群。暗绿绣眼鸟和银喉长尾山雀等小型鸟类有时会与大斑啄木鸟等啄木鸟混在一起生活，这种现象被称为"混群"。大量的鸟加入鸟群后，负责警戒的眼目更多，保障了鸟群的安全，在食物稀少的冬季也可以共享食物所在场所的信息，形成了合作共存的关系。

只言片语

鸟类在繁殖期为了抚育雏鸟，需要保护领地，确保食物供应，因此秋冬季节会互相合作。这是它们保障生存和繁殖后代的一种智慧。

不要错过观赏斑嘴鸭亲鸟和雏鸟的机会

大多数鸭科鸟类都在俄罗斯等高纬度地区繁殖，抚育雏鸟。例外的是我们常见的斑嘴鸭。无论湖泊、河流，还是城市中公园的水中，任何水边都可能看见斑嘴鸭的身影，大家一定不要错过观赏可爱雏鸭的机会，要仔细观察一番哦。

斑嘴鸭喜欢在草丛中筑巢，春天到初夏时节产卵，每次繁殖会产卵 7~14 枚。虽然，产卵数量多是鸭科动物的一大特征，不过子代很少可以长大成年。产卵后一个月左右，雏鸭就会孵化。鸭科动物具有"早成性"，生有黄色羽毛，即以雏鸟的状态出生，马上就可以开始走路或游泳。雏鸭们会在河流、稻田、公园的池塘等地，或摇摇晃晃地跟着妈妈走来走去，或排着队游泳，看起来十分可爱。不过，鸭科动物发育很快，在八月左右它们的体型就与亲鸟相当了。八月正值稻田中的稻穗成熟之时，而啄食稻穗的鸭子可能并不为农民所喜。

除了斑嘴鸭，鸳鸯、丑鸭也会在我国北方繁殖。鸳鸯只会在寒冷的落叶树林繁殖，丑鸭则在少数地区的深山中繁殖，因此很少有机会看到它们育雏。

只言片语 ⎯⎯

如果发现了斑嘴鸭的巢穴，请远远地离开。因为斑嘴鸭如果在产卵或孵卵期间感受到了压力，很可能会放弃巢穴。

　　鸥科鸟类鸟喙上带有红色图案，这是亲鸟与雏鸟之间彼此识别的标志。海鸥雏鸟通过叩啄亲鸟鸟喙末端的红点来讨要食物，而亲鸟则在红色图案的刺激下，反刍食物喂给雏鸟。

　　鸟喙上的图案会因品种的不同而有差异。人们曾做过一个实验，让刚刚孵化的、不同种类的海鸥雏鸟来观看成鸟头部的模型，以研究鸟喙大小、颜色，红点的形状、位置，颜色的深浅发生改变时雏鸟的反应。随之发现，雏鸟果然在看到与亲鸟相似的模型后反应最为强烈，面对鸟喙长度或图案形状与亲鸟不同的模型时，它们会减少叩啄的次数。令人惊讶的是，雏鸟在未经传授的情况下，一出生就掌握了通过鸟喙交流的技巧。

　　不过，令人十分意外的是，让雏鸟反应最强烈的并非与亲鸟相似的黄色鸟喙加上红色斑点的模型，大多数雏鸟好像对带有三根白线的红色棒反应更为强烈，它们会比看到与亲鸟相似的模型时更快速地开始叩啄。而且，将棒子放在与雏鸟视线平齐的高度水平摇晃，会引来雏鸟更多的叩啄。可能以白线分隔开来的红色棒子看起来很像巨大的红色斑点吧。虽然其造型与亲鸟并不相似，不过雏鸟们可能与生俱来就对红色特别敏感。随着雏鸟的长大，它们逐渐学会分辨与真正的亲鸟头部或与鸟喙更接近的物品，学会熟练地讨要食物。

只言片语
　　一般认为，鸥科鸟类的亲鸟和雏鸟之间是通过叫声分辨彼此的。亲鸟会一边鸣叫一边喂食雏鸟。

鸽子育雏可全年无休

动物都有"繁殖期"，繁殖期存在的最大原因是——只有在气候适宜、食物充足等适合育雏的时期，才能育雏成功。生活在日本的鸟类，大多会在春季到夏季迎来繁殖期。

不过，很多鸠鸽科动物一整年都可以繁殖。观察公园或车站前的野鸽可以发现，很多雄鸟会蓬起羽毛让身体看起来更大，追在雌鸟后面的求偶。这种求偶行为常见于早春到初夏之间，不过气温降低后也不少见，由此可见它们全年无休地进行着繁殖。山斑鸠和黑林鸽也可以全年繁殖。

鸽子之所以可以全年繁殖，是因为它们解决了低温时期的"食物减少问题"。鸽子的雏鸟是以亲鸟提供鸽乳为食长大的。鸟类的食道中间长有用于暂时储存食物的嗉囊，而鸽乳就是嗉囊内壁分泌出来的一种营养丰富的食品。它不同于哺乳动物的乳房，雄鸟也可以分泌，因此鸽子可以做到夫妇两人交替喂食。正是因为有这种任何时间都可以供应鸽乳的技能，鸽子才能做到全年繁殖。

野鸽出生半年后就可以繁殖，虽然平均每次只产两颗卵，不过有时一年最多能够繁殖五次。在鸽乳的帮助下，它们的繁殖能力十分惊人。因此，很多车站前满地都是野鸽。

只言片语

红翅绿鸠的繁殖期与大多数鸟类相同，都是春季到夏季。不同种类的鸽子其繁殖形式也有差别。

雏鸟的发育分为两种模式。一种为"晚成性"，即以羽毛还未长齐，眼睛也未睁开的状态孵化，一段时间内由亲鸟用身体温暖雏鸟并喂食饵料的类型。另一种是"早成性"，即以羽毛发育完整的状态孵化，雏鸟马上可以自己站起来并且走来走去的类型。燕子、麻雀、乌鸦等在树上筑巢的鸟类属于晚成性。与之相对，野鸭、绿雉等在地上筑巢的鸟类属于早成性。在敌人遍地的地面上，雏鸟们出壳后马上就可以站起来，独立寻找食物。

小䴙䴘是一种很容易与野鸭混淆的䴙䴘目鸟类，它属于早成性鸟类。小䴙䴘是一种很受人类喜爱的潜鸟，它会长时间地潜在公园的池塘等处而不浮出水面。小䴙䴘与鸭科动物不同，它们不会在地面上筑巢，而是利用水草等在水面上营造隐蔽的浮巢。在小䴙䴘育雏期间，能够看到亲鸟喂食雏鸟，以及让雏鸟坐在亲鸟背上游来游去的温馨画面。

也许你会诧异，它们不是早成性鸟类吗？这样做是不是过于娇生惯养啦。这是因为小䴙䴘是潜水并捕食鱼虾的水鸟，而雏鸟还不能潜水，因此只能以亲鸟捕食的食物为食。在亲鸟砰地一声浮出水面后，雏鸟们就会争先恐后地游向它们的妈妈，只有最先靠近亲鸟的那只雏鸟才能得到食物。它们的生存竞争果然也很残酷啊。

只言片语

日本滋贺县将䴙䴘认定为该县的县鸟。

鸟类的娱乐方式　秋天～冬天

　　秋冬时节，五颜六色的树叶凋零，草木干枯，更容易看到鸟类。例如，日本树莺夏季会躲在灌木丛内，很难窥见其身影，在秋冬时就会现身。这时，人们更容易发现一些用于繁殖的旧巢穴，或是捡到换羽期掉落的羽毛。寻找鸟儿们留下的各种各样的生活痕迹也是到野外活动的乐趣之一。

　　秋冬时节对鸟类而言是食物匮乏的季节。这时，鸟儿们需要煞费苦心地在水边的苇塘中啄食植物茎干中的昆虫，或仔细地翻开枯叶寻找猎物，不过观鸟者们却可以在这时尽情观赏朝思暮想的鸟儿觅食场景啦。

　　十月左右，想要在日本越冬的鸟儿们都会飞来。斑鸫、北红尾鸲等小型鸟类以及绿翅鸭和绿头鸭等鸭科动物是容易观察的鸟类。尤其是鸭科动物，它们的体型相对较大，还喜欢飞到公园的池塘等处，因此能轻易发现它们的身影哦。秋冬时节，穿上暖暖的衣服，出门去观赏可爱的鸟儿们吧。

　　早春时，冬候鸟为了繁殖会飞往北方。有人甚至会怀着感伤的心情，送别斑鸫或绿翅鸭。有时，鸟儿们的身影会一直在周围流连久久不去，让人莫名更加沮丧。不过，它们也可能是在其他地区越冬，正在迁徙途中休息的鸟儿们，旅途漫漫，也很辛苦吧。

第5章

鸟类具有不凡的身体素质

啪嗒

啪嗒

观察鸟的时候，有时会看到一大群鸟突然飞起来，四散奔逃的样子。此时，如果抬头仰望上空，可能会看到俯冲而下的鹰或游隼的身影。狐狸和猫等从地面上袭来时，小鸟们飞起来逃走就可以脱身，如果它们被鹰或游隼袭击的话想要逃脱就没那么简单了。特别是追击时速可达300km的游隼，会让小鸟们陷入恐慌的境地。游隼被誉为移动速度最快的脊椎动物，常被用作高速列车、摩托车、战斗机等的爱称。

不过，游隼是否能够以300km的时速连续飞行1小时呢？答案是——不可能。它们只有在俯冲时的短时间内，才能达到这样的速度。也就是说，如果被追击的小鸟们可以在这一瞬间逃脱，它们就可以保住性命。

鸽子、野鸭等作为被捕食一方的鸟类，眼睛是长在头部两侧的，因为这样，它们才能拥有更为开阔的视野，以便敌人来袭时可以更早地察觉。而鹰和游隼的眼睛是面向前方的，拥有较好的立体视觉，可以用两只眼睛准确地锁定猎物。

逃跑的小鸟如果被抓到，自然会失去生命，反之，捕食者如果没抓到小鸟，它们就要忍饥挨饿。群鸟齐飞就是一场以命相搏的捉迷藏游戏开始的信号。

只言片语

游隼会选择悬崖或铁塔等它们喜欢的地方作为瞭望所，从那里搜寻猎物，找到猎物后会飞到上空，再一口气俯冲向猎物。

三道眉草鹀（wú）尾羽上的白色部分有特殊作用

　　我们常常看到三道眉草鹀从草木茂盛处飞出来，它们的体型大小、羽毛颜色与麻雀十分相似。不过，三道眉草鹀尾羽两侧带有白线，这是麻雀没有，而三道眉草鹀独有的特征。

　　虽说如此，不过该特征也并非特别稀有。毕竟远东山雀、鹡鸰、白腹鹞、乌燕鸥都长有白斑，另外仔细观察一下山斑鸠的尾羽，也会发现其中间的两根羽毛末端也是白色的。很多鸟类的尾部都有白斑，这是一种很常见的配色。

　　三道眉草鹀的尾羽闭合时白色并不明显，展开后才会引人注目。据说，三道眉草鹀会猛地展开尾羽震慑虫子，再将吓得飞出来的虫子吃掉。实际上，人们通过实验发现，将以昆虫为食的森莺身上的白斑遮住后，它们的捕食效率会降低。

　　"不过，山斑鸠不是以种子为食吗？"确实，种子是不会受到惊吓的，它们一定是用尾羽吸引捕食者的目光，以便趁机逃跑。"而且，乌燕鸥是以鱼类为食，它好像是生活在没有捕食者的岛上。"这种情况的话，可能是同种之间利用尾羽的花纹来分辨彼此吧。"怎么总觉得你好像在敷衍呢。"

　　当然不是敷衍。自然界其实远比想象中更加复杂，同一个理由未必放之四海而皆准。你也可以将尾羽想象成向其他个体传递某种信息的介质，这也是没问题的。

只言片语

鸟类的羽毛是可以再生的，因此即便作为迷惑捕食者的诱饵时脱落了也没关系。不过，在再次长出来之前，可能会导致它们飞行时无法掌握平衡。

你可能并不知道猫头鹰的耳朵在哪里

　　部分猫头鹰，如雕鸮、短耳鸮，头上长有"耳朵"，人们称其为"耳羽"，不过，我们看到的猫头鹰头上像耳朵一样的凸起部位，其实并不是猫头鹰的耳朵。

　　虽然我们没有看到麻雀或乌鸦有类似耳朵的部位，但鸟类是利用声音交流的，因此它们不可能没有耳朵。用手拨开它们头部两侧的羽毛，开放的孔洞清晰可见，那就是它们的耳朵。它们虽然没有像人类一样的耳壳，但耳孔还是存在的。

　　猫头鹰的耳朵也长在头部正侧面，而耳羽位于头部上方，所以耳羽与耳朵所在的位置并不相同。有观点认为，耳羽的形象很像树叶，因此起到了拟态的作用，不过很多品种的猫头鹰和鹰鸮都没有耳羽。如果耳羽具有辅助拟态的作用，应该有更多的品种长有耳羽吧。

　　虽然耳羽的作用尚未完全清楚，有猜测可能是猫头鹰之间彼此区分的信号。不同品种猫头鹰的耳羽也各不相同。短耳鸮的耳羽小一些，红角鸮的大一些，长耳鸮的则长长地伸出去，长耳鸮的耳羽长长地伸出去。它们活动在黑暗的夜世界，色彩对它们来说没什么太大的意义。不过，通过有无耳羽以及耳羽的形状会呈现出特征分明的不同轮廓，这样一来，可能更容易分辨出是否属于同一种类。

　　话说，龙猫也有耳羽呢，从位置上来看那应该也并不是耳朵。龙猫也是在夜晚活动的，这样看来它们的耳羽可能也是用来分辨同类的特征吧。

只言片语

　　一般认为，猫头鹰扁圆形的脸像抛物面天线一样，起到了高效收集猎物声音的作用。

翠鸟的腿极短

虽然在人类中腿的长度与优秀与否并无关联，不过对人类来说好像腿越长的确越受欢迎。想必一定会有人不服气地认为腿长的人"重心那么高，容易摔倒，肯定很不方便吧"。虽说如此，但人类腿长的个人差异与鸟类的腿长差异相比，当然不可相提并论。

翠鸟是一种蓝色的、十分美丽的鸟，因此是观鸟活动中十分受欢迎的鸟种。不过，人们很难观察到翠鸟的腿，因为它们的腿极其短小。

鹭、鹤、普通秧鸡等鸟类的腿都很长。它们在水边或草地上生活，长腿可以保障这些鸟儿们不受水和草地的阻碍，顺畅移动。鸟类中以腿长著称的黑翅长脚鹬、蛇鹫也分别生活在水边和草地上。虽然短腿的翠鸟也生活在水边，不过它们捕食时会从空中飞入水中。翠鸟自空中俯冲而下时，收起翅膀，用长长的鸟喙袭击鱼类。如果腿部过长，可能会增加水的阻力导致失速。翠鸟的短腿使其呈现出更完美的流线型身材，是它们作为优秀的捕鱼者的证明。

翠鸟有时会在河边的悬崖上挖掘深度可达 1m 的细小隧道，并在其中营巢。如果翠鸟的腿太长的话，就很难在纤细的隧道中行走了，短腿更适合生活在这样的空间内。对于翠鸟而言，腿越短显得越帅气。

只言片语

冠鱼狗和赤翡翠都属于翠鸟科鸟类。

小鸬鹚擅长游泳不擅长走路

小䴙䴘很擅长潜水，可以灵活地在水中游动，捕食鱼和虾等小型动物。小䴙䴘的潜水时间可达 20 秒，在人们稍不注意时就失去了踪迹，却又意想不到地从远处浮出水面。

小䴙䴘无法像企鹅一样在水中扇动翅膀，后脚为其提供在水中游泳的动力。小䴙䴘的脚被称为"瓣蹼足"，并非像野鸭一样的蹼，而是脚趾两侧的皮肤向外延伸，形成带有像叶状瓣膜一样的蹼。脚向前伸时瓣膜闭合，向后蹬时瓣膜伸展划水。小䴙䴘连脚爪结构都十分平整，形成了完美的游泳利器。

小䴙䴘的膝盖骨上生有凸起，增加了肌肉附着点，腿部活动时可供使用的肌肉数量随之增加，让其可以更加有力地划水。小䴙䴘在潜水时腿部向后伸展，动作与蛙泳类似。因其腿部长在身体后方，所以适合完成划水的动作。

不过，虽然小䴙䴘在水中堪称高性能潜水舰，却不太擅长在陆地上生活。因为它们的腿部位于身体后方，因此如果不挺起身体就很难保持重心稳定。另外，由于它们瓣蹼足过宽，走路很容易摇摇晃晃。不过，小䴙䴘无论筑巢还是育雏都在水上，因此并不会对它们的生活造成太大困扰。如果你在陆地上看到小䴙䴘，那可是十分珍贵的画面哦。

只言片语
骨顶鸡也拥有瓣蹼足，它生活在陆地上的时间比小䴙䴘更多一些，因此更容易观察哦。

燕子每年准时飞回来

想必每年春天都有很多人期待着燕子飞来筑巢吧。燕子作为候鸟，只有夏季才会从菲律宾、泰国、印度尼西亚等东南亚国家飞来，有时飞行距离长达 5000km。虽然很多鸟类会觉得"我一辈子都生活在本地就可以啦""为什么要夏季生活在这里，冬季生活在那里"，不过，燕子每年都在如期地往返两地。世界上有很多像燕子一样的候鸟，虽然人们尚不完全清楚它们按照季节迁徙的原因，以及与非候鸟之间的区别，但一般认为它们的迁徙可能与昆虫等食物的数量有关。

燕子的体重仅在 20g 左右，还不到四枚一元硬币的重量。燕子拥有细长的翅膀，很适合长时间持续飞行，它们会利用季风，在不耗费体力的情况下持续飞行。人们偶尔会看到它们在船上休息的身影。虽然体能很重要，但候鸟在没有 GPS 的情况下，却可以准确地回到出生地，其惊人的"归巢"能力十分令人震惊。

据说候鸟会白天根据太阳、夜晚根据星星的位置来定位自己的位置。最近，有人发表了部分候鸟能从视觉的角度感知磁场的论文。它们可能正在以人类所拥有的器官无法感知的方式观察着世界。

只言片语

野生燕子的寿命为 2~3 年。因此，即使同一个巢穴每年都有燕子归来，但它可能并不是去年的那一只。

鸽子撞在玻璃窗上会留下白色的印记

你曾经看到过鸟猛力撞击在窗户或墙壁上，留下明显的白色痕迹吗？就是类似于《猫和老鼠》中的汤姆被拍在墙壁上留下的那种清晰的印痕。这种类似拓印的痕迹，一般都是鸽子留下的。

鸽子长有一种名为"粉羽"的羽毛，长出来后不久就会碎成粉末状。也许有人觉得好不容易长出来的羽毛碎了岂不是很可惜，但其实这种现象是有特殊原因的。粉羽变成粉末状附着在其他羽毛上能起到防水和防止污垢附着的作用。羽毛是鸟类飞行和保温所必需的身体组织。粉羽为保护羽毛起到了关键性作用。

你想观察鸽子的粉羽吗？当然，鸽子并不会经常撞在窗户上。因此，请观察在公园水池等处洗澡后的鸽子吧。有时会有少量的粉羽漂浮在水面上。其他很多鸟类也长有粉羽，不过其中以鸠鸽科（鸽子）、鸱鸮科（猫头鹰）、鹦鹉科和鹭科鸟类最多。

虽然鸟类的视觉很灵敏，但在自然界中并不存在透明而坚固的玻璃状物体，因此经常发生鸟类快速飞行撞击玻璃的事件。为此，人们会在距离野外较近房间的窗户上贴鹰或游隼形象的贴纸，以预防上述"鸟类撞击"事件。

只言片语

玻璃反射了树林中树木等植物，会让鸟儿们产生前方仍是森林的错觉。

并非所有的鸟都有夜盲症

　　鸡肉是餐桌上的常见食品，对我们的身体健康贡献良多。但在日语中"鸟头"有傻瓜、脑子不灵光之意，和"鸟目"指代"夜盲症"一样，都不是什么积极正面的词汇。如果你听说过无头鸡麦克的故事，可能会认为鸟类的头部确实只是个摆设也说不定。麦克是一只货真价实的鸡，在它的头被砍掉后仍未死去，还存活了 1 年半之久，并因此记入了吉尼斯世界记录。

　　英语中也有与"鸟头"相关的俚语——"bird brain（傻瓜）"，看来鸟类的脑容量有限可能是人类的共识啊。不过，在英语中"bird eye"并非夜视能力不佳的意思。

　　其实并非所有的鸟都有夜盲症，不仅夜行性的猫头鹰和夜鹰，就连野鸭、夜鹭都是在夜间觅食的。虽然杜鹃、鳞头树莺是昼行性动物，但它们在夜间也常常边飞行边鸣叫，还可以在夜间准确无误地分辨障碍物和食物。很多品种的候鸟会选择在夜间迁徙。这是因为白天的气温较高，容易发生乱流现象，而夜晚气流稳定，可以高效地飞行。并且，鸟儿夜间飞行，被昼行性鹰攻击的概率较低。

　　无论是觅食、迁徙，亦或是应对捕食者的攻击，对于鸟类而言都是性命攸关的行为。因此，如果鸟类真的有夜盲症，现在可能已经接近灭绝了吧。那么，将夜盲症称作"鸟目"或"雀蒙眼"，可能是因为作为观察者的人类夜视能力不佳，看不清在夜晚活动的鸟类吧。这么说来，鸟类倒有些无辜啊。

只言片语

在日语中，汉字"鸟目"有两种读音，含义不同。一种是夜盲症的意思，另外一种则指金钱。

黄斑苇鳽（hēng）会伸直身体模拟草

　　黄斑苇鳽身长约为 35cm，是在日本繁殖的鹭科动物中体型最小的一种，它是只有繁殖期才能在日本看到的夏候鸟。它们生活在水边的芦苇和香蒲之间，经常在莲等浮叶植物上优雅地行走。它们会用双脚牢牢地抓住芦苇叶或莲的茎干站在上面，伏击并捕食在下方通过的鱼等生物。

　　黄斑苇鳽在遭遇敌人靠近等危险时，会抬起鸟喙，迅速伸直颈部使全身呈细长状，混在周围茂密细长的植物里，进入拟态状态。这种用身体模拟周围的环境以欺骗敌人的拟态被称为"隐蔽拟态"，模拟树枝或树皮的夜鹰，混入在河滩小石子内的金眶鸻雏鸟都是个中高手。黄斑苇鳽一般会隐藏在苇塘中间，不过偶尔也在苇塘边缘进行拟态。它的羽色不同于青翠的芦苇，身体也比芦苇宽得多，因此常常露马脚。不过，即便这样，它们的身体毫不动摇，坚持继续伪装成植物的样子也十分值得称赞。可能一动不动也是逃过敌人目光的关键吧。

　　说到隐蔽拟态，不得不提凤蝶幼虫以及鸟粪蛛等小动物，它们是鸟类的猎物，却可以模拟成鸟粪。以鸟粪拟态的动物数量众多，可能是因为这种进化很有效果。作为鸟类一定不会喜欢同族的排泄物吧。不过，有些鸟也能识破这些伪装，因此作为自然界中的生物在生存这件事上一刻都不能松懈。

只言片语

蜂身上带有的黄色和黑色的花纹是一种警告图案，告知捕食者自己有毒。一些无毒的蜂或牛虻、蛾等会拟态成相似的颜色以示警告，这种通过明显的特征来躲避捕食者的拟态被称为"标志拟态"。

每只乌鸦的叫声都不一样

"乌鸦，为什么叫呢？"这是个很难回答的问题。实际上，乌鸦可以发出各种各样的叫声来应对不同的情况，城市中常见的大嘴乌鸦常常会发出"嘎啊嘎啊"的叫声，不过有时它们也会发出"咕噜咕噜""噢啊噢喽"的叫声。乌鸦并不会像小型鸟类那样发出动听的鸣唱，它们更像是在说话。

最近，人们针对乌鸦的声音进行了相关研究。其中一项就是雌雄声音的差异。人类中，因为男性的声带和骨骼更大一些，所以可以发出比女性低沉的声音。而雄性乌鸦的鸟喙和舌头更大，气管更粗更长，因此雌雄乌鸦发出的声音也略有不同。另外，即便它们采用相同的鸣叫方法，雄鸟和雌鸟发出的声音也略有差别。

实际上，"嘎啊"的鸣叫方式似乎也存在个体差异。在大嘴乌鸦生活的森林或城市中有各种各样的障碍物，有时它们看不到彼此的身影。因此，一般认为乌鸦可以通过相互鸣叫高效率地交换信息，因为每个乌鸦个体发出的声音略有不同，也就是说它们可以通过声音分辨出发声者。以人工饲养的乌鸦为实验对象，人们在其旁边的空笼子中播放了另一只乌鸦的声音，这只乌鸦马上想要越过隔板查看，过了一段时间后，仍然可以看到它在试图确认着什么。因此，两只大嘴乌鸦之间也许可以通过声音或外形进行互相识别。

只言片语

鸟类的叫声是通过一种名为鸣管的器官发出的。鸣管发出的声音经过气管的过滤会发生变调。包括乌鸦在内的很多雀形目鸟类的鸣管都十分发达。

鹭科鸟类洁白的羽毛有赖于其防水功能

160

白鹭是小白鹭、中白鹭或是大白鹭、牛背鹭等浑身长满白色羽毛的鹭科动物的俗称。最神奇的是这些鹭鸟无论何时都浑身雪白（牛背鹭在夏季体羽会变为橙色）。如果它们进入浑浊的水中，虽然也会弄脏身体，不过一眨眼，它们的羽毛又恢复成一片洁白。羽毛如此洁白的秘诀是什么呢？提到"洁白"，有人马上会联想到漂白剂或加酶洗涤剂，不过，白鹭的羽毛当然不是用了什么洗涤剂。

鸟类的羽毛表面结构致密，不易渗入水分。另外，鸟类的下背部长有名为"尾脂腺"的器官，它们会用鸟喙将尾脂腺分泌的油脂涂满全身，强化防水性。也就是说，它们并非凭借加酶洗涤剂清除污垢，而是身体本身就不易沾染脏污。

羽毛对于鸟类来说非常重要，既可以用于飞行，还具有保暖作用。另外，羽毛的颜色是同伴之间辨别的重要标志。对于雄鸟而言，美丽的羽毛也是它们用于吸引雌鸟的服饰。因此，鸟类任何时间都不会忽视对羽毛的养护。

提到白色的鸟，大家可能首先想到的就是天鹅，当然天鹅也有黑色的。虽然偶尔也会看到脏兮兮的天鹅，不过如果你看到的是绿色的天鹅的话，它们大多还是幼鸟，长大后就会变得浑身雪白。

只言片语
养护羽毛是鸟类非常重要的工作。只要一有空，它们就会梳理羽毛。

鸟类的眼睛可以看到紫外线

世界上到处都是"波"，宇宙射线、电磁波、声音以及可见光也是波。可见光指的是人类可以看到的频率范围内的光，波长在380nm（紫）~880nm（红）之间。不过，也许鸟类眼中的世界比人类眼中的世界更加绚丽多彩，是因为它们能看到紫外线波长范围内的颜色。

人类有三种感知颜色的细胞——"锥体细胞"，即分别感知红色、绿色、蓝色的锥体细胞。而红（R），绿（G），蓝（B）也就是所谓的"光的三原色"。鸟类比人类多了一种，共有四种锥体细胞。第四种锥体细胞对应的是比紫色波长更短的光，也就是紫外线范围内的光。因为人眼看不到，所以人类无法说清楚那究竟是一种什么样的颜色。在人类眼中毫无区别的雌雄两只鸟，额外反射了紫外线后再观看可能会有所不同。昆虫同样可以看到紫外线，它们通过观察雏菊等花朵上一种名为"蜜标"的斑纹，可以知道其中是否有花蜜。一般认为鸟类在寻找食物时也用到了紫外线。最近有些鸟因利用紫外线反射分辨出被托卵的假蛋而为人们所知。

人类大脑会接受锥体细胞传送的数据，并对颜色进行识别。大脑将信息重组后分析出"这是葡萄红"或"这是葱绿色"等结果，我们才能真正理解颜色。今后，如果针对鸟类大脑的研究有所突破，我们可能就会知道鸟类眼中的世界究竟是什么样的了。

只言片语

鱼类可以看到的颜色也比哺乳类绚丽。一般认为，哺乳类本来的进化方向是生活在黑夜的夜行性动物，因此，它们的嗅觉和听觉比视觉更重要。

夜鹰睡觉时会拟态

在日本作家宫泽贤治创作的童话《夜鹰之星》中，夜鹰变成了美丽的蓝光，并化作仙后座旁边的一颗星星。受到该童话的影响，夜鹰在日本十分有名。夜鹰的名称中虽然有"鹰"，却与鹰不同类。鹰泛指隼形目鸟类，会捕捉老鼠、蛇、甚至山羊、小鹿，是一种猛禽。夜鹰则主要以甲虫、蚊、蛾等小昆虫为食，是一种益鸟。

夜鹰是生活在森林中的夜行性鸟类，人们很少见到其踪迹。也许有人会认为，它是夜行性鸟类的话，白天休息时岂不是很容易被发现。白天，夜鹰确实会在树上休息，不过它们的拟态技能高超到令铁血战士也目瞪口呆。尤其是林鸱（chī）属鸟类比树皮还像树皮，它们如果一动不动地待在粗树枝上，就很难被发现。因此，夜鹰又称"贴树皮"。

在隐藏技能卓越的夜鹰科鸟类中，有一种鸟的隐身技能更上一层楼，它就是弱夜鹰。毕竟如果这种鸟真心不想动的话，它们会像严冬时节的旧摩托一样一动也不动。它们会心跳降低，体温降到10℃以下，一动不动地保持静止长达3个月。是的，这种鸟有冬眠的习性。

一般来说，鸟类是不冬眠的，因为没有必要。例如，即使冬天降雪后食物枯竭，鸟类用上天赐予的翅膀飞到温暖的地方就可以了。没必要改变身体的生理条件，固守在寒冷的地方。

夜鹰科还有一些特殊的品种。如像蝙蝠一样通过回声了解周围环境的油鸱，以及从翅膀处伸出巨大的"旗帜"，明显不利于飞行的旗翅夜鹰。为什么单单夜鹰科鸟类进化得如此特别呢，令人不可思议。

只言片语

电影中出现的外星人铁血战士是利用光学迷彩消失的，与拟态无关。光学迷彩指的是在视觉上，使身体透明化，融入周围环境中，是科幻小说中的技术。

亲近鸟类的方法

观鸟者很少会睡懒觉，这是因为鸟类从清晨，有时甚至从黎明前就开始纷纷叫着四处活动了。因此，如果观鸟者可以早一些到达野外，与鸟类共度的时光就会长一些。

观察野鸟的方式有很多，如用双筒望远镜观察、拍摄照片、欣赏图鉴、录下动听的声音等等。另外，不同的人兴趣点也不尽相同，有人只喜欢一种鸟，有人想要观看不同种类的鸟，还有人想要寻找珍贵鸟种。例如，想要观赏鹱（hù）科鸟类或短尾信天翁等生活在海洋上的鸟类，就需要乘坐轮渡在船上观赏。因此，观鸟者们常常在船只到达目的地后不做停留再坐船直接返回。

我们身边就有鸟类的身影，所以即使不像上述观鸟者那么拼命，无需任何装备也能欣赏鸟类。如果保持身体不动，偶尔鸟儿们还会靠近，有时甚至还能捡到美丽的羽毛呢。在发现羽毛后，观察足迹或粪便等"领地标识"也是一种认识鸟类的方式。鸟类的粪便中还可能残留着未完全消化的食物。

观鸟之人不同，与鸟类的亲近方式也各不相同。请按照你喜欢的方式进行观赏。鸟类在天空中飞行，活动范围很广阔。它们的栖息环境十分复杂，因此密切接触过很多动植物。观察鸟类，可以发现自然界生物之间的联系，拓展我们对世界的认识。

第6章

鸟类相关的其他内容

不同地区的栗耳短脚鹎外形也不同

栗耳短脚鹎分布于日本、朝鲜、菲律宾以及中国东北、河北、浙江、台湾等地。

栗耳短脚鹎栖息于低山阔叶林、混交林和林缘地带，也出没于城镇公园、果园、村舍、地旁、路边等人类居住环境附近的疏林和杂木林中。它们常3~5只成群活动，多在树冠尾枝叶间活动和觅食。栗耳短脚鹎性活泼、善鸣叫，杂食性，主要以树木和灌木的果实与种子为食，也吃部分昆虫。它们的叫声类似于"hei-you-ye-you"，偶尔会将饵料台洗劫一空，还会破坏果实，是臭名昭著的讨厌鬼。

栗耳短脚鹎头顶至颈背呈灰色，耳覆羽及颈侧栗色；两翼和尾是褐灰色；腹部偏白，两胁有灰色点斑；尾下覆羽暗灰色具宽阔的白色羽缘；嘴呈深灰色，脚偏黑。

如果栗耳短脚鹎的外形更亮丽一些，也许它们会收获更多的喜爱，不过十分遗憾的是它们的羽毛是黯淡的灰褐色。栗耳短脚鹎分布的地区不同，羽色和外形也各不相同，如日本北海道栗耳短脚鹎羽毛呈明亮的灰色，栖息地越靠近南部羽毛越接近红褐色。

只言片语

纬度越低，身体的颜色越深的现象被称为"格洛格氏法则"。

就连乌鸦也有灭绝的可能

乌鸦有时会攻击公园里的孩子，还会站在希区柯克的肩上，其浑身乌黑的形象让人联想到可以无限增殖的修卡*战斗员。乌鸦在电线杆上筑巢还引起过架线事故，它们还不断地危害农作物等等，因此不仅是日本，世界各地都在驱逐乌鸦。不过乌鸦在世界各地的数量仍在不断增加，无论怎么驱赶依旧无法避免乌鸦造成的危害。不过，其中驱逐成功和驱逐失败的案例倒是都有。

顾名思义，夏威夷乌鸦指的是栖息在夏威夷岛上的乌鸦，它们浑身乌黑，外形与日本的大嘴乌鸦类似，不过其最后一个野生个体已于 2002 年消失，一般认为它们已经野外灭绝。关岛乌鸦也已于 2008 年灭绝，而罗塔岛保留的同品种乌鸦也减少至 50 对左右。

以前，日本小笠原群岛上曾经有大嘴乌鸦繁殖的痕迹，不过有记录显示其于 20 世纪 20 年代灭绝了。它们与在城市中数量激增，令人十分困扰的大嘴乌鸦属于同一品种。

乌鸦毕竟是生活在自然界中的一种生物，其栖息环境被破坏后生存就会受到威胁。特别是生活在岛屿等狭小环境中的生物，受到的影响更加明显。它们并不一定能够一直很好地适应人类创造的环境。另外，灭绝意味着这种鸟类为生态系统服务的职能也随之消失。例如，如果勤劳的种子播撒者——乌鸦消失了，植物相对就会发生变化。乌鸦的数量无论增加还是减少，都会有一些人为之烦恼。

只言片语

乌鸦、海鸥等鸟类在悬疑惊悚电影大师——希区柯克 1963 年的作品《群鸟》中登场。他利用特效塑造了群鸟来袭的震撼画面。

* 修卡：日本特摄剧《假面骑士》中的邪恶组织。

灰椋鸟正在享受都市生活

从梅雨尚未完全结束的 6 月下旬开始，每到傍晚时分都能看到大群的灰椋鸟，它们纷纷"啾噜啾噜"地鸣叫着归巢。在这群鸟中，有结束繁殖的成鸟以及刚刚离巢的幼鸟。据说，日本有 200 多处大型灰椋鸟群巢穴，其中最为引人注目的是栖息着一万多只灰椋鸟的巨型鸟巢。在这些鸟巢附近，傍晚的天空上会有数千只灰椋鸟成群结队地飞翔，尤为壮观。

灰椋鸟的鸟巢大多位于竹林或杂树林内，不过这两种自然环境都在逐渐减少。因此，灰椋鸟开始进入市区生活，它们利用行道树、公园绿地、建筑物、桥桁、铁塔、广告牌等筑巢。在市区内不容易遭遇天敌袭击、冬季也很温暖，因此，即便它们白天去郊外觅食，傍晚时分也会回到市区的巢穴内。

灰椋鸟在市区内找到了可供安居的场所，不过它们会掉落大量的粪便或羽毛，归巢前叫声也十分喧扰，并不受人们的欢迎。因此，为了阻止灰椋鸟筑巢，人们采取了驱逐的对策，如安放灰椋鸟讨厌的猫头鹰模型，播放它们不喜欢的声音等。不过，在不久后，灰椋鸟就对这些对策习以为常了，其效果并不好。此外，有些地区邀请来驯鹰人，让身为捕食者的鹰驱赶灰椋鸟，不过灰椋鸟只是转移去了市区的其他地方。看来灰椋鸟是一种性格坚韧的鸟类，在逆境中毫不屈服，它们与人类之间的攻防战，还远远没有结束。

只言片语

灰椋鸟破坏果实作物，会对农业造成伤害。因此人们将其当成有害鸟进行驱逐，每年都会驱逐大量的灰椋鸟。不过，也有人将其视为以农作物害虫为食的益鸟。

有些火灾是乌鸦或鸢造成的

火灾的原因涉及地震、打雷、人为等多个方面，而日本京都的乌鸦纵火已经成为了严重的社会问题。京都的神社和寺院中常常供奉着蜡烛。大嘴乌鸦很喜欢脂肪含量较高、营养丰富的蜡烛，有时它们会将其带走，因而引发野火。仅1999年到2002年，疑似乌鸦引起的火灾就有七起之多。

不过，这种状况下发生的火灾会被定义为事故。而在澳大利亚，有些猛禽还会故意纵火。在澳大利亚气候干燥的地区，因为雷击等原因会自然起火。猛禽还会从火场拿走带火的树枝到其他的地方纵火。

发生火灾后小动物们会纷纷逃跑。这些猛禽的目标猎物就是这些逃跑的小动物们。也就是说，它们把火灾当成了辅助狩猎的工具。以前人们认为使用火的智慧行为是人类独有的技能，这些猛禽的行为令人目瞪口呆。这件事报道于2017年，但澳大利亚的土著居民似乎很早以前就有所了解。

已经确认三种猛禽有过纵火行为，其中之一就是鸢。在日本，鸢给人一种和蔼可亲的印象，它们一边抢夺着油炸食品一边在空中绕圈盘旋，但在其他国家它们已经拥有纵火犯的案底了。鸢的英文名是"black kite"，现在看来名副其实啊。

只言片语

澳大利亚的斑克木等植物中的部分品种，在遭遇山火后种子才会开始发芽。一般认为，这是因为当地山火频繁才进化而成的习性。

猛禽游隼和鹦鹉存在近缘关系

鹰、雕、游隼被称为猛禽类，是站在生态金字塔顶端的捕食者。它们拥有很多让被追赶的小鸟们无限困扰的共同点，如可以撕开肉的鸟喙，抓住猎物后使其难以逃脱的钩爪、威慑力十足的锐利目光，等等。一般大型的鹰科动物大多被称作雕，小型的被称作鹰，实际上它们之间并没有明确的区别，同属于鹰形目的鹰科。不过如翼展超过160cm的鹰雕一样，也有些鹰的体型比小型雕的体型还大。

很长一段时间，人们都认为游隼与鹰的亲缘关系也很近，并将其划分在鹰形目隼科。它们攻击鸟类和小动物的姿势同样勇猛，说它们属于同一族群的确很容易被认可。不过DNA分析的结果显示，鹰和游隼在血统上毫无关系。它们只是作为捕食者的生活方式很相似，最终进化出了相似的外形，不过是毫无关系的陌生人而已。

游隼与鹦鹉或麻雀的亲缘关系反而更近一些。说起来，鹦鹉拥有足以将种子压碎的、十分有力的鸟喙和善于爬树的利爪。仔细观察可以发现，游隼也有可爱的、圆溜溜的眼睛。要说两者之间存在近缘关系，我也觉得十分有道理。下次有机会，一定要去动物园观察对比一下。

只言片语

一种擅长潜水的水鸟——小䴙䴘，与火烈鸟存在近缘关系。但从外表完全判断不出来呢。

远东山雀的性格也分外向和内向

有鸟类饲养经验的人可能会知道，即使鸟的品种相同，不同个体的性格可能也不尽相同。广为人知的是，野生鸟类也存在性格差异，或者严格来说，"每个个体的行为模式具有一贯性的趋势"。

例如，冬天时远东山雀会成群结队地在森林中到处活动，其中似乎既有积极地在各个群体之间飞来飞去的外向型，也有不太想加入吵闹群体、不喜欢鸟群的内向型。另外，内向型的远东山雀似乎喜欢和同类型的远东山雀一起活动。并且，内向型的个体不会在很有人气、很受欢迎的地方繁殖，它们倾向于去其他个体不太会去的地方繁殖。一般认为，群体规模越大，内部竞争就会越激烈，因此内向型鸟类可能是为了规避竞争。

你一定想要问，"人类是如何知道野鸟的性格的呢？"其实研究人员在很多远东山雀的脚上安装了一种名为 PIT 标签（被动式无线射频标记）的小型电子标签。电子标签被应用在 CD、书、衣物的防盗，以及食品产地追踪等方面。人们还会在森林的各个地方安装饵料台，同时设置天线和记录设备，记录安装标签的鸟类的活动。通过上述调查，人们可以了解哪几只远东山雀之间关系比较好，有哪些行为习惯等，总之，远东山雀的私生活一目了然。

只言片语

近年来 GPS 和记录设备实现了小型化和高性能化，因此，十分盛行将小型摄像机和传感器安装在生物身上，并对其行为和生活状态进行研究，即所谓的自然观察。

灰椋鸟的群舞井然有序值得一观

鸟儿们成群飞翔的样子颇为壮观。它们组成编队，同时变换方向飞翔的样子令人惊叹不已。它们就像歌舞剧中的舞蹈演员一样，一边侧目观察相邻舞者的呼吸和动作，一边配合着大家起舞，这些鸟儿一定也掌握了什么秘诀吧。

灰椋鸟喜欢成群结队地活动。在归巢前，数百到上千只的灰椋鸟就像一只巨大的变形虫一样，一边慢慢地改变形状一边在傍晚的天空中飞舞。在意大利，人们对群体中的灰椋鸟进行 3D 分析的结果显示，它们似乎拥有各自的"排他空间"以避免相互冲突。灰椋鸟之间的最短距离比体长（约 20cm）要长一些，与翼展（约 40cm）相当。以我们人类为例，相当于伸展双臂并约定"请大家保持这个距离，不要靠近了哦"。另外，在群体中灰椋鸟会针对自己周围的六、七只个体调整位置和速度，不过它们似乎不会在意更远处的个体的行为。

大群中的灰椋鸟通过针对附近个体的动作做出反应来维持行动的一致性。如果其中任何一名成员发现捕食者并开始回避，整个群体都会跟随着它有所动作。灰椋鸟群相当于一个拥有很多负责警戒的眼睛的生物，而其中数千只鸟都有眼睛，不禁让人担心艄公多了撑翻船，它们是否可以安全地回到巢穴呢？

只言片语

小红鹳以结成大群活动而闻名，群体数量有时可达 100 万只。

海鸟的粪便堆积后会形成矿石

广阔的天空连接着漫无边际的宇宙。鸟类在这片空间内所占的比例恐怕连 0.001% 都不到。即便如此，为什么仍有鸟粪会落在我们的肩膀上呢。

如果遇到这种事，概率相当于中了大奖，就仔细地观察一下鸟粪吧。鸟粪包括黑色部分和白色部分。黑色部分是实实在在的粪便，白色部分并非粪便，而是鸟类的尿液。鸟类的尿液中含水分较少，多为尿酸的结晶。粪便和尿液都是从同一个孔洞——泄殖腔中排出，因此会同时落下。

鸟类的排泄物中有时会含有种子、昆虫的卵或活着的蜗牛等。以鱼类为食的鸟类排泄物中含有大量的氮元素和磷酸，是肥料的主要成分，可以为植物生长提供一些帮助。在鸬鹚和短尾信天翁等以鱼类为食的鸟类生活的地方，排泄物不断堆积，时间久了，可能变成海鸟粪或磷矿石等资源。最知名的海鸟粪产地是漂浮在太平洋上的瑙鲁共和国。瑙鲁共和国凭借出口脚下无穷无尽的海鸟粪，成为了没有税收，医疗、电力都免费的国家。不过，海鸟粪资源其实是有限的，在 20 世纪末，海鸟粪资源宣告枯竭，"天堂"生活迎来了终点，现在该国正依靠他国的援助以期重建国家体系。

虽然鸟类的排泄物掉落在肩膀上只能给人类带来困扰，但无论对于生态系统还是人类而言，鸟类都是重要的存在。

只言片语

有的国家竟然有《鸟粪岛法》，规定其公民发现的储有鸟粪资源且不在其他国家司法管辖之下的岛屿，可被视为"从属于"该国。

有时鸟会被虫子吃掉

自然生态系统中形成了生态金字塔。鹰以小型鸟类为食，小型鸟类以虫子为食，虫子则以植物为食。在自然界中不仅鹰以小型鸟类为食。在山野间，小型鸟类的天敌是狐狸和黄鼠狼等肉食性哺乳动物，在农耕地中它们的天敌则有伯劳，城市中还有乌鸦。可以说，小型鸟类一直是捕食者们不容错过的目标。

虽说如此，小鸟也是以生态金字塔中低层级的虫子等为食的，因此，它们也同为猎人和猎物。稳定的生态金字塔结构维系着自然生态系统，位于更低层级的生物重要的意义就是为高层级的生物提供食物。

不过，偶尔也会出现"以下犯上"的现象，如捕蝇草捕获昆虫。另外，如远东山雀挂在棒络新妇蜘蛛的蛛网上被其吃掉，中华大刀螳捕食小鸟等等，高层级的生物有时会被平时视为食物、丝毫不放在眼里的猎物反击。所以，自然界中的生物不可松懈半分。

敌人不只来自陆地，就在鹭捕鱼的同时鳖可能将其拖入水中，欧洲巨鲶也可能吞下整个鸽子。总之，这个世界充满了危险，没有绝对的安全之地。这样看来，大家不妨期待一下，某一天麻雀说不定还可以反杀鹰呢。你如果看到鸟喙染血的麻雀，那可能就是新变革的开始。

只言片语

大型鱼类——珍鲹，有时会把靠近海面捕鱼的乌燕鸥吃掉哦。生活在大自然中，时刻不能放松警惕啊。

因为桃太郎，绿雉才被日本奉为国鸟

1947 年，日本鸟类学会针对日本国鸟的选择进行了讨论。人们舍弃了和平的象征——鸽子，以及高飞的云雀，促成了铜长尾雉与绿雉两者择其一的局面。两强相争，最终绿雉略胜一筹，其获选理由如下：它是日本的固有种、全年皆可看到、优雅美丽。虽然理由充分，不过铜长尾雉也有上述优点。

成败的关键在于，受桃太郎的影响，绿雉的形象深入人心。绿雉跟随桃太郎冒险攻打妖怪获得的报酬仅为一个糯米团子，现代社会所禁止的非法雇佣让绿雉成为代表日本的国鸟，并成为印在 1984 年发行的一万日元纸钞上的图案。

话说，现在日本鸟学会发现曾经被视为日本固有种的绿雉，其实与其他大陆的绿雉属于相同品种，而铜长尾雉仍是日本固有种。生物分类也随着时代发展和人类科学的进步而不断变化。如果晚几年选择国鸟，也许铜长尾雉就能获得印在纸钞上的殊荣啦。相关人员可能发现了分类的变动，于是将 2004 年一万日元纸钞上的图案由绿雉改为了凤凰。富贵如云烟啊，南无阿弥陀佛。

另外，日本长野县还有"铜长尾雉报恩"的故事呢，假设长野县民如果比冈山县民更善于宣传的话，结果可能就不一样了……

只言片语

现在，一万日元纸钞上印的是装饰在日本平等院凤凰堂内房顶的凤凰，10 日元硬币正面设计的也是凤凰堂，加上少量屋顶上的凤凰像元素。

有些虫子喜欢在鸟巢中筑巢

三只小猪之所以能够用稻草、木头、砖建造出房子是因为它们拥有仅有两趾的前脚。而鸟类的前脚已经进化成翅膀，无法用于筑巢，取而代之的是它们灵活的鸟喙和脚。以旁观者的视角来看，筑巢并非难事，不过这是它们劳心劳力的成果。千辛万苦完成的巢穴，只有本人才能使用，着实浪费了。因此，鸟巢也为其他生物敞开了门户，昆虫也将鸟巢当成了自己的容身之所。

褐锈花金龟是一种珍稀甲虫，以前人们对它们的栖息环境并不了解，不过，最近人们在苍鹰的巢穴中发现了褐锈花金龟的身影。一种名为蕈（xùn）蛾的蛾类动物也喜欢住在鸟巢内，栖息在日本小笠原群岛的鵟（hù）喜欢在地面上筑巢，人们在其巢穴内发现了蕈蛾科昆虫的身影。另外，人们还发现各种各样的昆虫居住在猫头鹰、普通鸬鹚、鹭、东方白鹳等的巢穴内。

生活在鸟巢内，可以避免阳光直射和风吹雨淋，环境宜居，雏鸟吃剩下的东西还能被昆虫当作食物。另一方面，昆虫以有机物为食，可以帮助鸟类维持鸟巢干净卫生，因此鸟类可以将其视为佣人般的存在。这样看来，它们之间是互惠互利的关系。不过，好像居住在鹰巢内的昆虫有时会被"房东"吃掉。本来打算做住家佣人，结果却被房东视为加餐，好黑暗的职场啊。

只言片语
部分生活在鸟巢中的卵生蛾类的幼虫以雏鸟伸展翅膀时掉落的角蛋白为食。

参考文献

赤塚隆幸 (2004) エナガ巣に利用された羽毛巣材の量と鳥種および営巣時期と羽毛量の関係. Strix 22:135-145. / Alpin LM et al. (2013) Individual personalities predict social behaviour in wild networks of great tits (Parus major). Ecol Lett 16: 1365-1372. / 青山怜史ほか (2017) オニグルミの種子の重さによる割れやすさ：ハシボソガラスは, どんな重さのクルミを投下すべきか. 日鳥学誌 66: 11-18. / Ballerini M et al. (2008) Empirical investigation of starling flocks: a benchmark study in collective animal behaviour. Anim Behav 76: 201-215. / Bonta M et al. (2017) Intentional fire-spreading by "Firehawk" raptors in Northern Australia. J Ethnobiol 37: 700-718. / Bures S & Weidinger K (2003) Sources and timing of calcium intake during reproduction in flycatchers. Oecologia 137: 634-641. / Evans SW & Bouwman H (2000) The influence of mist and rain on the reproductive success of the blue swallow Hirundo atrocaerulea. Ostrich 71: 83-86. / Farah G et al. (2018) Tau accumulations in the brains of woodpeckers. PLoS One 13: e0191526. / 藤巻裕蔵 (2012) 低温での鳥の姿勢. 山階鳥類学雑誌 44: 27-30. / Hackett SJ et al. (2008) A phylogenomic study of birds reveals their evolutionary history. Science 320: 1763-1768. / 濱尾章二ほか (2005) サギ類の餌生物を誘引・撹乱する採食行動－波紋をつくる漁法を中心に. Strix 23: 91-104. / Higuchi H (2003) Crows causing fire. Global Environ Res 7: 165-168. / 本間幸治 (2017) スズメの水浴び・砂浴び行動. 日鳥学誌 66: 35-40. / Honza M et al. (2007) Ultraviolet and green parts of the colour spectrum affect egg rejection in the song thrush (Turdus philomelos). Biol J Linnean Soc 92: 269-276. / 川上和人ほか (2016) ハシブトガラスによるニホンジカに対する吸血行動の初記録. Strix 32: 193-198. / Kondo N et al. (2012) Crows cross-modally recognize group members but not non-group members. Proc R Soc B 279: 1937-1942. / 黒田長久 (1972) 琉球の春の鳥類調査. 山階鳥研報 6: 551-568. / 槇原寛ほか (2004) ワシタカ類の巣で生活するアカマダラハナムグリ. 甲虫ニュース 148: 21-23. / 松田道生 (1997) エナガによるシジュウカラの巣への給餌例. Strix 15: 144-147. / Matsui S et al. (2016) Badge size of male Eurasian tree sparrows Passer montanus correlates with hematocrit during the breeding season. Ornithol Sci 16: 87-91. / 松澤ゆうこ (2013) シジュウカラの採食行動を模倣するスズメ. Strix 29: 143-150. / Mumme RL (2014) White tail spots and tail-flicking behavior enhance foraging performance in the Hooded Warbler. Auk: 131: 141-149. / Saito T (2001) Floaters as intraspecific brood parasites in the grey starling Sturnus cineraceus. Ecol Res 16: 221-231. / 齋藤武馬ほか (2012) メボソムシクイ Phylloscopus borealis (Blasius) の分類の再検討：3つの独立種を含むメボソムシクイ上種について. 日鳥学誌 61: 46-59. / Sugita N et al. (2016) Origin of Japanese white-eyes and Brown-eared bulbuls on the Volcano Islands. Zool Sci 33: 146-153. / Suzuki TN (2014) Communication about predator type by a bird using discrete, graded and combinatorial variation in alarm calls. Anim Behav 87: 59-65. / 高木昌興・高橋満彦 (1997) スズメ目鳥類3種のトビの巣における営巣記録. Strix 15: 127-129. / Tanaka KD & Ueda K (2005) Horsfield's hawk-cuckoo nestlings simulate multiple gapes for begging. Science 308: 653. / 塚原直樹ほか (2006) ハシブトガラス Corvus macrorhynchos における鳴き声および発声器官の性差. 日鳥学誌 55: 7-17. / 上田恵介 (1999) 日本南部の島々におけるメジロ Zosterops japonica の盗蜜行動の広がり. 日鳥学誌 47: 79-86. / 渡辺靖夫・越山洋三 (2011) コガネムシ上科の幼虫を巣上で食べたサシバの観察記録. 山階鳥類学雑誌 43: 82-85. / 山口恭弘ほか (2012) 鳥類によるヒマワリ食害. 日鳥学誌 61: 124-129. / York JE & Davies NB (2017) Female cuckoo calls misdirect host defenses towards the wrong enemy. Nat Ecol Evol 1: 1520-1525. / Yosef R & Whitman DW (1992) Predator exaptations and defensive adaptations in evolutionary balance: no defense is perfect. Evol Ecol 6: 527-536.

索引

TORI NO TRIVIA CHORUI GAKUSHA GA KOSSORI OSHIERU YACHO NO HIMITSU

Copyright © 2018 Kawakami Kazuto, Matsuda Yuka, Mikami Katsura, Kawashima Takayoshi

Chinese translation rights in simplified characters arranged with Seito–sha Co., Ltd through

Japan UNI Agency, Inc., Tokyo

图书在版编目（CIP）数据

小鸟二三事 / (日) 川上和人主编; (日) 松田佑香绘; 赵百灵译. –– 石家庄: 河北科学技术出版社, 2022.5

　　ISBN 978–7–5717–1120–7

　　Ⅰ. ①小… Ⅱ. ①川… ②松… ③赵… Ⅲ. ①鸟类—青少年读物 Ⅳ. ① Q959.7–49

中国版本图书馆 CIP 数据核字 (2022) 第 081207 号

小鸟二三事

[日] 川上和人　主编　[日] 松田佑香　绘　　赵百灵　译

策划制作：北京书锦缘咨询有限公司（www.booklink.com.cn）

总　策　划：陈　庆

策　　　划：肖文静

责任编辑：刘建鑫

设计制作：柯秀翠

出版发行	河北科学技术出版社
地　　址	石家庄市友谊北大街 330 号（邮编：050061）
印　　刷	河北文盛印刷有限公司
经　　销	全国新华书店
成品尺寸	142mm × 210mm
印　　张	6
字　　数	72 千字
版　　次	2022 年 5 月第 1 版
	2022 年 5 月第 1 次印刷
定　　价	59.80 元